规模化奶牛场兽医保健指南

刘根强　刘贤侠　齐亚银　主编

中国农业出版社

图书在版编目（CIP）数据

规模化奶牛场兽医保健指南 / 剡根强，刘贤侠，齐亚银主编．—北京：中国农业出版社，2015.1
ISBN 978-7-109-20157-6

Ⅰ.①规… Ⅱ.①剡… ②刘… ③齐… Ⅲ.①乳牛－牛病－防治－指南 Ⅳ.①S858.23-62

中国版本图书馆 CIP 数据核字（2015）第 027377 号

中国农业出版社出版
（北京市朝阳区麦子店街 18 号楼）
（邮政编码 100125）
责任编辑 刘 伟 冀 刚

北京中科印刷有限公司印刷 新华书店北京发行所发行
2015 年 4 月第 1 版 2015 年 4 月北京第 1 次印刷

开本：720mm×960mm 1/16 印张：8 插页：2
字数：160 千字
定价：30.00 元

主　　编： 刘根强　刘贤侠　齐亚银
编写人员（按姓名笔画排序）：
王　学　王树杰　刘贤侠　刘振国
齐亚银　李大明　杨铭伟　何高明
周　林　刘文亮　刘根强　蒋建军
魏　勇

前言

全舍饲奶牛饲养是我国奶牛生产的主要饲养模式。长期以来，由于受各种环境因素、营养因素、管理因素以及奶牛繁殖泌乳的生理影响，奶牛健康与维持较高的泌乳量一直成为舍饲奶牛饲养中难以克服的矛盾。奶牛乳房炎、蹄病、不孕症、营养代谢病、犊牛腹泻及肺炎等奶牛高发疾病至今仍无公认的有效防治方法。因此，这些疾病的控制仍然是奶牛生产中亟待解决的技术难题。

《规模化奶牛场兽医保健指南》是国家科技支撑计划课题“奶牛标准化规模养殖主要疾病综合防控技术集成与示范，2012BAD43B02”及石河子大学重大攻关项目“引进高产优质奶牛养殖综合配套技术研究”的研究成果之一。该书针对北疆垦区舍饲奶牛，尤其是近几年大量引进国外奶牛生产中普遍存在的奶牛健康问题及疾病发生特点，研究建立了集环境控制、营养保健、繁殖管理、疾病防控“四轮式”奶牛保健技术。该技术贯穿于规模化奶牛场的主要疫病防疫技术程序、奶牛场消毒技术、奶牛繁殖管理与不孕症防治、奶牛营养保健与代谢病防治、奶牛肢蹄卫生保健与蹄病防治、奶牛乳房卫生保健与乳房炎防治、奶牛围产期卫生保健、新生犊牛保健及常发病防治、疾病现场调查与诊断9个单项技术。各项技术都提出了实施技术的目的、主要技术指标、技术要点及注意事项，既可作为奶牛场兽医保健的综合配套技术，又可作为单项技术选择性实施。本书既体现了各项技术的科学性与先进性，又体现了通俗易懂和可操作性，使用者一看就懂、一学就会。可望成为奶牛场技术人员、管理者及企业售后服务人员的手头读物。书中病例及B超图片均由主编自现场及实验室拍摄，并经病原学确诊。

本书虽然是科学研究成果及多年临床实践的总结，但作为一套奶牛兽医保健技术，还需要经受生产与临床实践的检验，并在推广应用中进一步修改完善。

由于水平有限，书中难免存在缺点和疏漏之处，敬请读者批评指正。

编　者

目录

第一章　奶牛场防疫程序

重点预防的疫病包括口蹄疫、牛巴氏杆菌病、牛焦虫病、牛病毒性腹泻—黏膜病、牛结核病、牛布鲁氏菌病、牛支原体肺炎、牛副结核病和犊牛大肠杆菌性腹泻。

一、隔离饲养

1. 隔离饲养的主要目的　杜绝传染源、切断传播途径。

2. 隔离饲养的技术要点　包括以下几个方面：

（1）奶牛场应设专门的病牛隔离舍及供新引进隔离观察的临时牛舍。

（2）杜绝从疫区引进奶牛，新引进的奶牛必须经隔离牛舍观察至少 3 周。隔离期间进行布鲁氏菌病及结核病的复检，补注口蹄疫灭活疫苗、牛巴氏杆菌灭活菌苗和牛焦虫苗（4～11 月间）。检疫、免疫注射后无任何异常时，经全身喷雾消毒后方可进入大群。

（3）奶牛场应远离养羊场及养猪场，禁止在牛场中饲养其他哺乳动物和家禽。

（4）奶牛场谢绝非本场人员进入牛场。特殊情况需要进入牛场人员，必须更换专用消毒衣、帽、鞋，经消毒间进入生产区。

（5）奶牛场禁止非生产用车进入生产区，生产用车进入牛场应严格消毒后进入。

（6）奶牛场生产区应该将泌乳牛、育成牛、犊牛隔离饲养，以防止交叉感染。

二、健康检查

1. 健康检查的目的　尽早查明病牛，及时进行隔离治疗。

2. 健康检查的技术要点　包括以下几个方面：

“四看”：行为姿势、食欲与反刍、粪便、呼吸；

"四测"：体温、脉搏、尿液（pH）、血检（血常规）；
"四检"：可视黏膜（眼、鼻、口）、蹄部、乳房、淋巴结。

三、现场诊断

1. 牛巴氏杆菌病 由荚膜血清B型多杀性巴氏杆菌引起的牛出血性败血症，多发生于成年牛，在转群、运输、气候变化及饲养环境较差等不良应激刺激下发生。病牛表现体温升高、犬坐姿势、呼吸困难、结膜充血、血便。耳血涂片瑞特氏染色镜检，可见两极浓染的巴氏杆菌。由荚膜血清A型多杀性巴氏杆菌引起的犊牛出血性肺炎，多发生于1～8周龄犊牛，表现体温升高、呼吸困难，肺出血性炎症，多与牛支原体混合感染（图1-1、图1-2）。

图1-1 荚膜血清A型多杀性巴氏杆菌引起的死亡犊牛心冠脂肪、心耳及心内膜出血

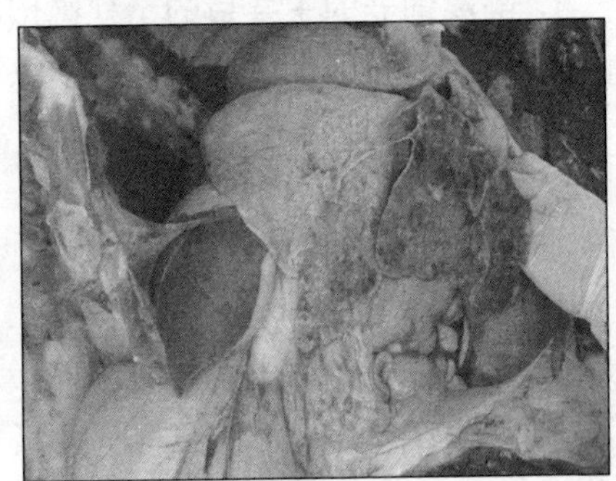

图1-2 荚膜血清A型多杀性巴氏杆菌引起死亡犊牛肺脏出血性炎症，以左心叶最为严重

2. 牛病毒性腹泻—黏膜病 多发生于6月龄左右青年牛，表现体温升高、腹泻、粪便带肠黏膜（图1-3），蹄冠炎性肿胀，口、鼻分泌物增多。用笔式电筒仔细检查口腔与鼻黏膜，可观察到软腭、硬腭、齿龈边缘出现溃疡病变（图1-4）。抗生素治疗无效。据对新疆北疆部分奶牛场的血清学调查，本病在牛群中感染率较高，但典型急性病例多以散发为主。

3. 无浆体病 体温升高，眼结膜苍白黄染，后肢无力。耳血涂片用姬姆萨染色，无浆体位于红细胞内外边缘，呈桃红色、球形或月牙形（图1-5）；瑞特氏染色镜检，可见红细胞表面有淡蓝色，红细胞变形呈锯齿状。用贝尼尔和土霉素注射有效。

4. 牛焦虫病 症状与无浆体病相似，但只发生于蜱活动期。血涂片用姬姆萨染色，可见红细胞内的“石榴体”。治疗性诊断同无浆体病。

5. 副结核病 体温正常，眼结膜苍白，渐进性消瘦，长时间顽固性腹泻，体表淋巴结肿大。药物治疗效果不明显，禽结核菌素皮内变态反应阳性。

6. 乳酸性酸中毒 本病是奶牛场高产奶牛常见的一种营养代谢病，多发生于产前或产后数小时。发病快，头颈伸直、兴奋不安、腹泻、咳嗽，尿 pH 下降，体温一般正常（图 1-6）。及时采用 5%葡萄糖生理盐水与 5%碳酸氢钠静脉注射，可缓解症状。

图 1-3 感染牛病毒性腹泻（BVD）

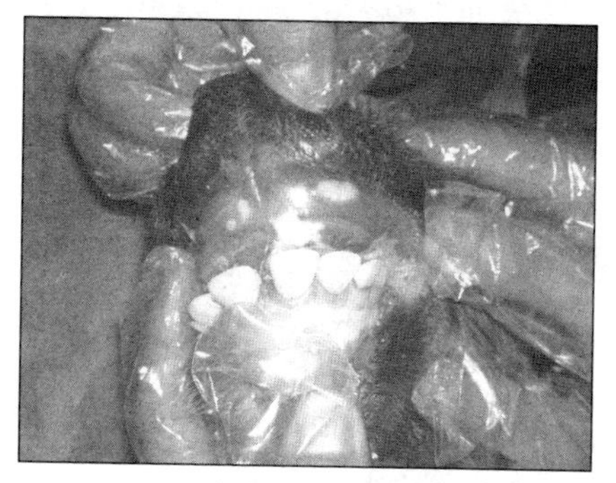
图 1-4 感染牛病毒性腹泻（BVD）

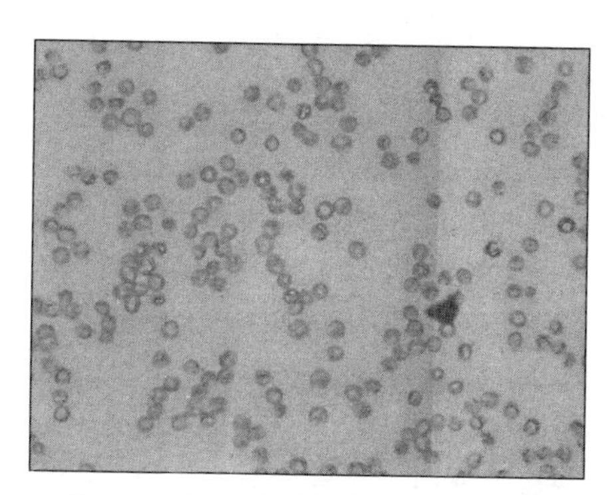
图 1-5 无浆体病奶牛血涂片姬姆萨染色显示红细胞内的红色边缘无浆体

图 1-6 乳酸性酸中毒患牛症状

7. 恶性水肿 由腐败梭菌引起。经对发病牛场 17 例确诊病例临床观察及流行病学调查，多发于头胎牛。难产助产时消毒不严，产前注射疫苗时针头污染，均可感染环境中的腐败梭菌。病牛发病突然，体温升高到 41℃左右，阴门周围高度炎性水肿（图1-7）。切开局部肿胀组织流出污红色液体，病程2～3天。取死亡牛肝组织表面触片瑞特氏染色镜检，可见长丝状腐败梭菌。

8. 传染性鼻气管炎 由疱疹病毒引起。经对北疆部分规模化牛场成年牛血清学调查，感染率可达40%以上，但未发现群发性临床病例，可疑发病牛场主要以呼吸型为主，多发生于1～3月龄犊牛。病牛表现浆液性或脓性鼻液，鼻镜和外鼻孔、皮肤与黏膜红肿“红鼻子”（图1-8），口腔、齿龈、舌面有可见白色斑点和糜烂。个别牛表现呼吸困难，气管啰音和腹泻，治愈率较低。

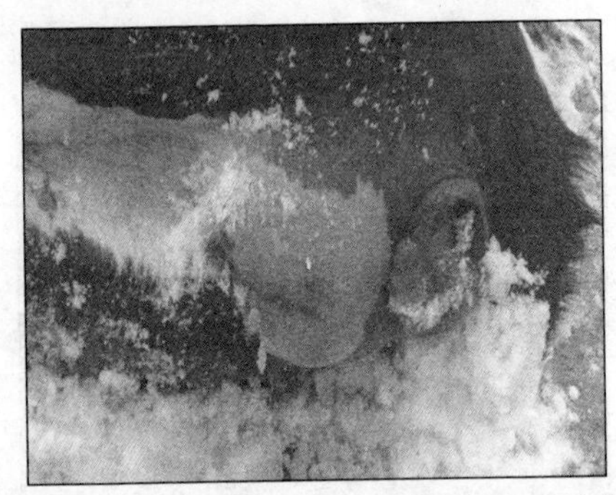

图1-7 产后4天奶牛恶性水肿，显示阴门高度炎性水肿

图1-8 感染牛鼻气管炎病毒（IBR）4周龄犊牛鼻腔炎症“红鼻子”

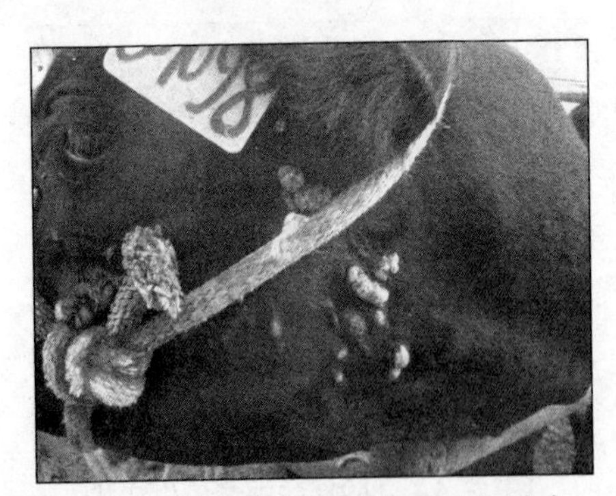

图1-9 2岁青年牛面部皮肤病毒性乳头状瘤（散在性）

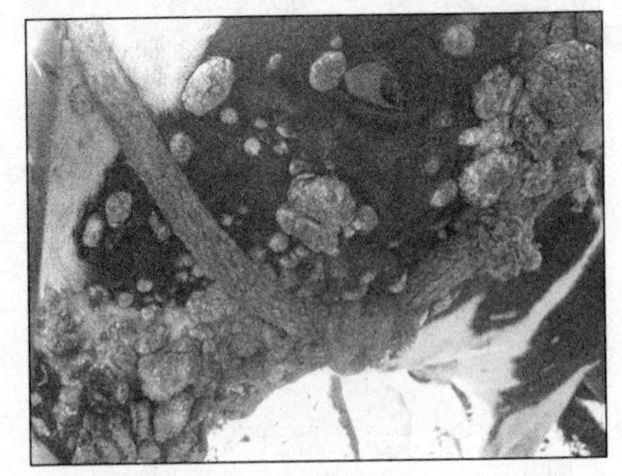

图1-10 2岁青年牛面部皮肤病毒性乳头状瘤（融合性）

9. 乳头状瘤 由病毒引起牛的一种皮肤肿瘤性疾病。新疆于2012年在引进的国外奶牛中首次发现。多发于2岁以内青年牛，经擦伤感染，在头部、颈部、前躯干皮肤上出现菜花样、白色或灰色表面粗糙、扁平的疣状结节（图

1－9、图1－10），刺破表皮可出血，切开结节呈增生性纤维组织，一般几个月后自愈脱落。

10. 传染性角膜结膜炎 又称红眼病，是由多种病原体引起，以牛的摩拉克氏杆菌及立克次氏体为主要病原菌。2011年以来，在新疆多个规模化奶牛场育成犊牛群中发生，以夏季炎热蚜虫较多时爆发。病犊表现流泪，眼睑炎性肿胀，结膜潮红、角膜浑浊呈微黄色斑点，后期糜烂，个别犊牛一侧眼失明。采用红霉素眼膏和色甘酸二钠滴眼液治疗，可缓解症状。

四、检疫与淘汰

检疫的主要目的是查明布鲁氏菌病、结核病感染牛只并及时淘汰，防止在牛群中扩散。

1. 布鲁氏菌病检疫

（1）检疫方法：乳环状试验（MRT）、虎红平板凝集试验（RBPT）、试管凝集反应（SAT）、竞争ELISA、细菌分离培养、PCR。

（2）检疫时间：非免疫牛群，育成牛8月龄检疫1次，成年母牛在产后1～2个月检疫1次；免疫牛群，免疫18个月后检疫1次，间隔6个月后再检疫1次。

（3）检疫程序：育成牛采用RBPT；泌乳牛采用MBT初检；阳性或可疑牛群采用SAT复检；免疫牛群复检时，可结合竞争ELISA方法进行。

当牛群出现较多流产、胎衣不下病例时，应及时对可疑牛只进行复检，方法同上。同时，采集流产胎儿第四胃内容物、胎盘分泌物、胎衣不下的奶牛的生殖道排泄物及血清，送专门实验室进行细菌学检查及PCR诊断。

（4）淘汰：非免疫牛群经两种方法检出阳性的牛只，一律进行扑杀处理。

免疫牛群中未免疫的成年母牛采用两种方法检出的阳性牛只低于0.5%时，对阳性牛进行扑杀处理；阳性牛比例高于0.5%时，将其集中隔离饲养，8～10个月后采用SAT和ELISA进行复检，阴性牛可留用，阳性牛做扑杀处理。

2. 牛结核病检疫

（1）皮内变态反应：采用标准牛结核菌素（PPD）皮内变态反应方法，每年春、秋两次对所有牛只进行检疫，阳性者扑杀淘汰。可疑者在间隔两个月后分别用牛结核菌素及禽结核菌素进行检疫，阳性与可疑者严格扑杀淘汰。

（2）病原学检测：当牛群中出现顽固性咳嗽、体表淋巴结肿大或乳房出现可疑结核结节病灶时，对可疑病牛进行结核病复检，方法同上。同时，采用灭菌棉试采集鼻腔分泌物及患区乳汁涂片、抗酸染色镜检，发现抗酸染色阳性（红色）、菌体呈短杆状、单在或平行排列的细菌时可确诊，同时还可以采用PCR方法进行病原鉴定。无条件者可将新采集的病牛呼吸道分泌物、乳汁或淋巴结穿刺液，在密封冷藏条件下送兽医实验室检验。

（3）高危人群：奶牛场应对与牛只直接接触的饲养人员、兽医及新进入牛场的人员通过专科医院进行结核病检验，健康合格者方可从事奶牛场工作，以防止结核病人将病原体传入牛群。

3. 副结核病检疫 当牛群出现难以治愈的顽固性腹泻、消瘦、体表淋巴结肿大等临床症状明显的可疑病例时，可用禽结核菌素进行皮内变态反应检疫，方法同牛结核病检疫；也可采取颌下淋巴结穿刺液或直肠棉拭进行细菌学检查，方法同牛结核病。阳性牛严格淘汰。

注意事项：①牛场应建立完善的检疫与淘汰档案，详细记录检疫情况，包括被检病种、检疫方法、牛号、检疫时间、检疫结果、检疫人员、检疫试剂来源与批号、被检牛只来源、胎次、有无流产史、产奶性状及健康状况、以往对阳性及可疑牛的处理方法等。②经检疫后确定为阳性的牛只，应及时由牛场兽医、检疫人员会同牛场管理者向辖区兽医防疫监督部门提出书面处理报告，经核准后在兽医卫生监督人员监督下按国家动物防疫相关条例进行无害化处理。已投保的牛群，可通知保险公司人员到现场取证备案。

4. 口蹄疫检疫 对所有新引进的奶牛及并群的奶牛进行口腔、蹄部检查，发现可疑症状且未注射口蹄疫弱毒疫苗的牛只时，采集血清送当地动物疾控中心采用3ABC ELISA检测有无自然感染。定期检查可与布鲁氏菌病血清学检疫同时进行。

五、免疫接种与免疫检测

1. 免疫接种的目的 提高牛只的特异性免疫力，建立牛群免疫保护屏障。

2. 免疫接种的技术要点（程序） 包括以下几个方面：

（1）口蹄疫。

疫苗：口蹄疫O型—亚Ⅰ型二价灭活苗，或者O型、亚Ⅰ型及A型灭活苗。

犊牛：6月龄注射1次，间隔2周加强免疫，以后每隔4个月免疫1次。

成年牛：配种前接种1次，产前1个月接种1次。

育成牛：每年春、秋各1次。

注意事项：①注苗前，应检查牛只体况，注苗后观察牛只反应。如有明显异常反应，应及时注射肾上腺素或地塞米松注射液。②牛场应建立免疫档案，详细记录免疫情况，包括疫苗来源、名称、生产日期、保存温度、接种时间、接种对象、免疫人员、接种前后牛只情况等。③为检测与评价免疫效果，可在免疫后的4～6周，按不同牛群免疫牛只的10%抽检血清抗体效价。无检测条件的牛场，可将血清送当地动物疾控中心测定。抗体合格率应达到80%以上。对未达到要求的免疫牛群要及时加强免疫，并调整免疫程序。6月龄前犊牛抗体合格率未达到要求时，可将首免提前至2～3月龄进行。

（2）布鲁氏菌病免疫。

疫苗：牛19号菌苗（布鲁氏菌活疫苗S19株）。

免疫程序：犊牛4～6月龄免疫1次，18月龄或配种前免疫1次。禁止怀孕期免疫。

（3）焦虫病疫苗免疫。

疫苗：牛焦虫细胞苗。

免疫程序：每年4月份蜱活动期前，给全群牛只免疫1次。常发地区可在第一次注苗后3周加强1次。

（4）牛巴氏杆菌病免疫。

菌苗：牛巴氏杆菌弱毒菌苗。

免疫程序：每年春、秋各注射1次。牛群在调运前2周注射1次。

注意事项：①注苗前后7天不能使用任何抗生素。②当牛群发现牛巴氏杆菌病可疑病例或存在其他病原感染病例时，不能注射该疫苗，待牛群无新病例出现后再接种菌苗。③本病发生多与长途运输、气温变化、圈舍潮湿、通风不良、转群等环境诱因有关。一旦发现可疑病例，应首先采取消除发病诱因，改善饲养环境与饲养管理措施。必要时，经饲料投入抗生素预防。未发生过本病的牛场，可以不注射疫苗。

（5）牛病毒性腹泻—黏膜病免疫。

疫苗：牛病毒性腹泻—黏膜病弱毒疫苗。

免疫程序：犊牛3月龄免疫1次，6月龄免疫1次。可疑有本病发生的牛场，可用猪瘟疫苗（脾淋疫苗）进行紧急预防接种，犊牛2～3头份，育成牛4～6头份，成年牛8～10个猪头份剂量，经实践证明有一定效果。

（6）犊牛大肠杆菌性腹泻免疫　目前，国内无用于牛的大肠杆菌商品疫苗供应。

确定由产毒性大肠杆菌 K99 和 F41 菌株引起犊牛 10 日龄内腹泻的牛场，可采用大肠杆菌 K99-F41 二价油佐剂菌苗（本课题组研制），给产前 2～4 周怀孕母牛注射 2 次，间隔 2 周，每次 4～5 毫升（450 亿～600 亿菌）。经对免疫母牛产后 24 小时内初乳抗体、3 日龄犊牛血清抗体检测及临床观察，均具有明显效果。

（7）牛支原体肺炎免疫。目前，国内尚无用于预防犊牛支原体肺炎的牛支原体商品疫苗供应。

经确诊发生犊牛支原体肺炎的牛场，可采用牛支原体灭活油佐剂苗（本课题组研制）给怀孕母牛产前 2～4 周免疫 2 次，间隔 2 周，每次肌肉注射2.5～3 毫升。犊牛出生后 10 日龄注射 1 次，每头 3 毫升。经对免疫母牛产后 24 小时内初乳抗体、3 日龄犊牛血清抗体检测及临床观察，均具有明显效果。

六、消毒

1. 目的 防止外源病原体带入牛群，减少环境中病原体的数量，切断传染途径。

2. 技术要点 参见第二章。

第二章 奶牛场消毒技术

一、概述

1. 消毒目的 消毒是指采用物理、化学及生物方法杀死物体表面的病原微生物。其目的是：

（1）防止外源病原体带入牛群。

（2）减少环境中病原微生物的数量。

（3）切断传染病的传染途径。

消毒是控制动物传染病发生必不可少的重要手段之一。

2. 消毒的分类 根据消毒的目的不同，将消毒分为：

（1）预防性消毒，即日常消毒。

（2）临时消毒，即发生一般性疫病时的局部环境的强化消毒。

（3）终末消毒，即发生重大疫病时的大消毒。

3. 消毒对象 奶牛场消毒的主要对象是：

（1）进入牛场生产区的人员及交通工具。

（2）牛舍环境。

（3）挤奶间及其挤奶设备。

（4）奶牛乳房及乳头。

（5）饮水。

4. 消毒设备 奶牛场经常用的消毒设备有紫外消毒灯、喷雾器、高压清洗机和高压灭菌容器。主要消毒设施包括生产区入口消毒池、人行消毒通道、尸体处理坑、粪便发酵场、专用消毒工作服、帽及胶鞋。

5. 消毒方法

（1）物理消毒法：指机械清扫、高压水冲洗、紫外线照射和高压灭菌处理。

（2）化学消毒法：指采用化学消毒剂，对牛舍环境、挤奶间、饲养与挤奶用具以及牛体表进行消毒处理。

（3）生物消毒：指对牛粪便及污水进行生物发酵，制成高效有机物后利用。

6. 常用化学消毒药　根据消毒对象不同，奶牛场常用化学消毒剂包括：

（1）石灰乳及漂白粉：用于消毒池、牛舍地面、墙壁、粪便消毒。常用浓度为10%～20%。

（2）百毒杀、氯铵或次氯酸钠：用于交通工具、人员体表、挤奶设备、奶牛乳房、饮水消毒。常用浓度：0.2%～0.3%用于空气喷雾消毒，0.5%用于机械清洗消毒，0.01%～0.02%用于饮水消毒，0.2%～0.5%用于乳房消毒。

（3）碘液、洗必泰：主要用于奶牛乳头药浴。常用浓度为0.5%～1%碘伏、0.2%的碘液、0.3%～0.5%洗必泰。

（4）氢氧化钠及过氧乙酸：主要用于发生某种传染病时的消毒。2%～4%氢氧化钠的水溶液用于牛舍污染地面消毒，消毒后必须用水冲洗。0.2%～0.5%过氧乙酸用于腾空牛舍空气喷雾消毒。

二、消毒技术

1. 车辆进入牛场区的消毒　各种车辆进入牛场生产区时必须进行消毒。牛场门口应设专用消毒池，其大小为：宽3米，长5米，深0.3米。内加2%氢氧化钠、10%石灰乳或5%漂白粉，并定期更换消毒液。进入冬季后，可改用喷雾消毒。消毒液为0.5%的百毒杀或次氯酸钠，重点是车轮的消毒。

2. 人员进入牛场生产区的消毒　进入牛场的人员必须经消毒后方可进入。牛场应备有专用消毒服、帽及胶靴、紫外线消毒间、喷淋消毒及消毒走道。根据卫生部颁布的《消毒技术规范》的规定，紫外消毒间室内悬吊式紫外线消毒灯安装数量为每立方米空间不少于1.5瓦、吊装高度距离地面1.8～2.2米，连续照射时间不少于30分钟（室内应无可见光进入）。紫外线消毒主要用于空气消毒，不适合人员体表消毒。进入牛场人员在紫外线消毒间更换衣服、帽及胶靴后进入专为消毒鞋底的消毒走道，走道地面铺设草垫或塑料胶垫，内加5%次氯酸钠。消毒液的容积以药浴能浸满鞋底为准。有条件的牛场在人员进入生产区前，最好做一次体表喷雾消毒，所用药液为0.2%百毒杀。

3. 挤奶过程中奶牛乳房及乳头的消毒　做好挤奶中的消毒是控制奶牛乳房炎最主要的技术手段。挤奶员必须保持个人卫生，指甲勤修，工作服勤洗。挤奶操作时，挤奶员手臂用0.1%百毒杀溶液消毒。

挤奶前先进行奶牛乳房及乳头清洗与消毒，方法为：

（1）用专门的容器收集头三把牛奶。

（2）用0.5%碘液消毒剂、水温为50℃左右消毒液喷洒或清洗乳头及乳头括约肌，用纸巾擦干。

注：0.5%碘液配制方法：市售5%碘酊加纯净水，稀释成所需浓度；或取5克碘加75%酒精溶解配制成5%碘原液，再用纯净水配成所需浓度。

（3）待奶挤干后，用0.5%～1%碘伏或0.3%～0.5%洗必泰对每个乳头药浴30秒，冬季应在药浴后擦干乳头，或在药浴液中加入油剂，或在药浴后涂擦少量药用凡士林，防止乳头冻伤。消毒乳房用的毛巾应每天在0.5%漂白粉溶液中煮沸消毒，经高压灭菌后备用。规模化奶牛场提倡采用灭菌纸巾代替毛巾，以减少乳头交叉感染。

4. 挤奶设备消毒 重点是挤奶器的内鞘及挤奶杯的消毒。采用0.2%百毒杀或0.5%次氯酸钠溶液浸泡30分钟，再用85℃以上热水冲洗。挤奶杯每天消毒1次，挤奶器内鞘每周清洗1次。

5. 挤奶间的消毒 挤奶间是病原微生物易于滋生的场所，是奶牛场重点消毒部位。每次挤奶结束后，用高压清洗机冲洗地面。必要时，可在水中加入0.2%百毒杀或次氯酸钠。每周对挤奶间进行1次空气消毒，可用0.2%百毒杀或0.5%次氯酸钠喷雾。

6. 牛舍环境消毒 重点是地面、墙壁和空气。牛舍应设专为奶牛休息的牛床、冬季铺设垫草或细沙。牛舍地面应每天清除粪便、污水及污染垫草，保持通风、干燥和清洁。夏季每隔10天对牛舍内地面进行1次喷雾消毒；已使用了2年以上的牛舍，应每年对离地面1.5米的墙壁用20%石灰乳粉刷1次。

7. 产犊期消毒 怀孕母牛在分娩前后应在其所处地面铺设干净垫草，并进行乳房及乳头的擦洗消毒。犊牛出生后，脐带断端用2%碘酊消毒。要及时给犊牛吃上初乳，为犊牛准备的专用奶桶每次使用时要用热水冲洗干净。

做好上述消毒工作是减少犊牛大肠性腹泻的重要环节。

8. 饮水消毒 奶牛场应给牛群提供水质良好的清洁饮水。在夏季炎热时间，为防止水中病原微生物污染，可在水中加入0.02%的次氯酸钠或百毒杀。冬季应提供加温清洁水，防止饮用冰冻水而发生消化道疾病。

9. 兽用器械消毒 奶牛场使用的各种手术器械、注射器、针头、输精枪、开膣器等必须按常规消毒方法严格消毒。免疫注射时，应保证每头奶牛更换1个针头，防止因针头传播奶牛无浆体病。

10. 发生疫病时的紧急消毒 当牛群发生某种传染病时，应将发病牛只隔离。病牛停留的环境用2%～4%烧碱喷洒消毒，粪便中加入生石灰处理后用密闭编织袋清除。死亡病牛应深埋或焚烧处理，运送病死牛的工具应用2%烧碱或5%漂白粉冲洗消毒。病牛舍用0.5%过氧乙酸喷雾空气消毒。

三、奶牛场消毒效果监测

消毒效果的监测是评价其消毒方法是否合理、消毒效果是否可靠的唯一有效手段，因而在消毒工作中十分重要。奶牛场消毒效果监测的主要对象是紫外线消毒室、挤奶间空气及设备、奶牛乳头、牛舍环境等。主要采用现场生物检测方法及流行病学评价方法。

1. 消毒效果的现场生物学检测方法

（1）空气消毒效果检测。

检测对象：紫外线消毒间、挤奶间和牛舍等。

检测方法：平板沉降法。

监测指标：计数平板上的菌落。

操作步骤：在消毒前后，按室内面积≤30米^2，于对角线上取3点，即中心1点、两端各1点；室内面积>30米^{2}时，于四角和中央取5个点，每点在距墙地面1米处放置一个直径为9厘米的普通营养琼脂平板，将平板盖打开倒放在平板旁，暴露15分钟后盖上盖，立即置于37℃恒温培养箱培养24小时，计算平板上菌落数，并按下式计算空气中的菌落数：

$$空气中的菌落总数（个/米^3）=\frac{5\ 000N}{AT}$$

式中：A——平板面积（厘米^2）；

T——平板暴露的时间（分钟）；

N——片板上平均菌落数（个）。

根据消毒前后被测房间空气中的细菌总数变化，判断消毒是否有效。

（2）奶牛乳房及乳头消毒效果检测。

细菌菌落总数检测：按常规方法进行乳房及乳头清洗与消毒，待挤完奶后，用浸有灭菌生理盐水的灭菌棉拭子（棉棒）在奶牛乳头及周围5厘米×5厘米处深擦2次。剪去操作者手接触的部分，将棉拭子投入装有5毫升采样液（灭菌生理盐水）的试管内立即送检。

将采样管用力振打80次，用无菌吸管吸取1毫升待检采样液，加入灭菌的平皿内，再加入已灭菌的45～48℃的普通营养琼脂15毫升。边倾注边摇匀，待琼脂凝固后置于37℃培养箱培养24～48小时，计算菌落总数。菌落的计算方法：

$$乳房细菌菌落总数（个/厘米^2）=\frac{平板上的菌落数\times采样液稀释倍数}{采样面积（厘米^2）}$$

金黄色葡萄球菌检测：吸取采样液 0.1 毫升。接种于营养肉汤中。于 37℃培养 24 小时，再用接种环划线接种于血平板。37℃培养 24 小时，观察有无金黄色、圆形凸起、表面光滑、不透明、周围有溶血环的菌落，并对典型菌落作涂片革兰氏染色镜检。如发现革兰氏染色阳性呈葡萄状排列球菌时，可初步判为阳性。

（3）奶牛乳头药浴液中细菌含量检测。奶牛乳头药浴是挤奶过程中的必需环节，而检测药浴杯中药液的细菌含量是确定药浴效果的重要指标。

采样方法：采取换液前使用中的药浴液 1 毫升，加入 9 毫升含有相应中和剂的普通肉汤采样管中混匀。其中，含氯、碘消毒液，可在肉汤中加入 0.1% 硫代硫酸钠；洗必泰、季胺类消毒液，需在肉汤中加入 3%的吐温 80，用于中和被检样液中的残效作用。

检测方法：采用平板涂抹法。用灭菌吸管吸 0.2 毫升药浴液分点滴于 2 个普通琼脂平板上，用灭菌棉拭子涂布均匀。一个平板置于 20℃条件下培养 7 天，观察有无真菌生长；另一个平板置于 37℃条件下培养 72 小时，观察细菌生长情况。必要时，可作金黄色葡萄球菌的分离（方法同上）。

（4）挤奶设备及环境表面消毒效果监测。

检测对象：挤奶器内鞘，挤奶杯，挤奶用毛巾、工作服、胶靴，挤奶间，牛舍及工作人员进入牛场的消毒走道表面。

采样方法：棉拭子采样法与奶牛乳房采样方法相同。压印采样法用于消毒毛巾的检测，可用一张直径为 4 厘米浸有无菌生理盐水的滤纸在被采样毛巾或物体表面压贴 10～20 分钟，将贴有样品的滤纸一面贴于普通营养琼脂平皿表面，停留 5～10 分钟后揭去滤纸，将平板置于 37℃条件下培养 24 小时。

检测方法：细菌菌落总数检测方法与奶牛乳房检测方法相同。其采样面积（厘米^2）可估测。对于奶牛乳房炎感染率较高的牛场，有必要在检测物体表面细菌总数的同时，进行特殊病原体（以金黄色葡萄球菌为准）的分离。

2. 消毒效果的流行病学评价方法　一种消毒方法运用于牛场牛群后，其消毒效果的好坏不仅体现在消毒前后环境、牛体、物体表面的微生物含量，更直接地体现在对某种感染性疫病的预防中，即采用消毒措施是否可以使牛群减少感染或少发生疾病，这种减少和对照组（消毒方法更换以前）相比有无显著性差异，进而计算出使用消毒剂后对某种疾病的保护率和效果指数，从而得出该消毒方法或消毒液有无使用价值的结论。

采用何种疾病作为判定指标，应根据消毒对象不同而定。用于挤奶过程中消毒的评价，以奶牛乳房炎（包括临床型和隐性乳房炎）的感染情况作为判定消毒效果的指标；用于犊牛舍、犊牛奶桶、产房环境消毒时，以犊牛发生下痢、肺炎的发病率作为判定消毒效果的指标。

评价方法包括通过对实施消毒或改变消毒方法前后某种疾病的现况调查（描述性调查）和实验对照性调查两种常用方法，各牛场可根据本场技术力量、管理水平及各种条件选择不同的评价方法。

第三章　奶牛繁殖管理与不孕症防治

饲养奶牛的主要目的是产奶。奶产量与奶品质是体现奶牛生产性能及奶牛经济效益的核心指标，而泌乳的前提是母牛必须产犊，母牛完成产犊必须历经发情、配种、妊娠、分娩过程。在此期间，任何一种不良因素都会导致母牛不孕，从而影响母牛的生产性能。因此，奶牛的繁殖管理作为奶牛场的一项系统工程一直备受奶牛场的关注。降低繁殖疾病发生、提高奶牛繁殖率是规模化奶牛场的首要任务。

一、繁殖技术指标

1. 繁殖技术总指标

（1）年总受胎率≥95%。

（2）年情期受胎率≥58%。

（3）年空怀率≤5%。

（4）产后配准天数≤105 天。

（5）初产月龄≤28 个月。

（6）年繁殖率≥90%。

（7）半年以上未妊牛只比率≤4%。

2. 繁殖技术分项指标　见表 3－1。

表 3－1　奶牛常见繁殖指标和预期最佳数值

繁殖指标	最佳数值	数值指标存在严重问题
分娩间隔时间（个月）	12.5～13	＞14
分娩后首次察到的发情平均天数（天）	＜40	＞60
分娩后 60 天内观察到发情（%）	＞90	＜90
首次配种前平均空怀天数（天）	45～60	＞60
受胎所需配种次数	＜1.7	＞2.5
未成年母牛配种一次受胎率（%）	65～70	60

（续）

繁殖指标	最佳数值	数值指标存在严重问题
泌乳母牛配种一次受胎率（%）	50～60	<40
少于三次配种而受胎的母牛数（%）	>90	<90
两次配种间隔在 18～20 天内的母牛数	>85	<85
平均空怀天数（天）	85～110	>140
空怀大于 120 天的母牛（%）	<10	>15
干乳期天数（天）	50～60	<45 或>70
首次分娩平均年龄（个月）	24	<24 或>30
流产率（%）	<5	>10
因繁殖障碍引起淘汰率（%）	<10	>10

奶牛场可根据本场的繁殖配种数据资料进行对照分析，找出差距，分析原因，及时解决问题。

二、奶牛场的繁殖管理要点

1. 发情管理 改进发情鉴定方法可以大大减少临床乏情、漏配的数量。奶牛场部分不孕奶牛是由于未观察到发情所致。

（1）发情鉴定。重视奶牛标志识别（耳标清楚、液氮烙号在背两侧或后躯臀部），也可在牛体容易观察的部位使用红色喷漆标记以方便观察。

观察法为发情鉴定的主要方法，必要时进行阴道检查或直肠检查。发情观察次数和时间为早、中、晚观察 3 次，或早、晚观察 2 次，每个牛舍每次不少于 20 分钟。

在有保定设施（颈枷、通道）的规模牛场，可使用涂色棒（蜡笔）对牛场奶牛做发情观察。涂色棒的使用方法：使用前，先把涂色棒前端的硬膜拨去或用力在牛尾根上涂抹。每天每头涂 1 次，观察 1 次，如果蜡笔颜色被抹去就输精 1 次。涂抹宽度为 4～5 厘米，长度为 14～15 厘米。涂色最后一笔要逆向涂抹，将毛涂起以便观察。

在有发情计步器的奶牛场，可根据产奶量变化和计步变化情况，通过计算机软件辅助进行发情鉴定。

在十分炎热或寒冷的季节，奶牛发情行为的表现不明显。

牛舍和运动场过小、地面光滑、拥挤时发情表现差，发情爬跨次数大大减少。因此，应改善环境条件，增加运动场空间。在圈舍和运动场、挤奶通道等必经之路建立防滑设施，如地面菱形防滑痕、铺设橡胶垫或干牛粪等。

（2）发情预报。奶牛发情周期为18～24天。根据奶牛上次发情日期及发情周期，可做出下次发情预报。

（3）初情检查。对超过13月龄仍未出现初情的母牛，要进行生殖器官检查。

（4）产后初情检查。对产后60天以上不发情的母牛，要进行生殖器官检查或诱导发情。

（5）异常发情检查，主要指安静发情、持续发情、发情周期过短或过长等。对异常发情母牛要查明原因，酌情治疗或诱导发情。

（6）在规模化奶牛场，由于季节性繁殖和充分利用圈舍的需要可以实施同期发情技术，此时更要增加发情观察的时间和次数。

（7）注意改进发情管理措施：①综合识别发情，即爬跨、留下相关痕迹（秃斑、被毛逆立、尻部毛少）、奶量下降、黏液流出、运动不安等；②在夏季调整及增加观察时间；③改变监视方法，采取辅助发情检出方法，即液氮标记、染料（预测发情牛喷漆）、计步器、有颈枷、红外线测定后躯温度、压力感受器装置、使用训练的犬、照明的改进和摄像监控等；④做好繁殖档案，即产犊、发情、配种、产后期及患病情况资料记录以及整理和分析；⑤按时进行产后牛的检查，乏情牛产后超过45天必须检查，如果群体数量多不发情（>10%），需要查找饲养管理问题；⑥培训员工，掌握理论知识和提高技术操作水平；⑦及时发现牛群中的发情母牛，建立有效的发情管理制度。

2. 配种管理

（1）初配月龄及条件：16～18月龄，体重370千克以上。16～18月龄母牛达体成熟期，但适合配种的体重应达到成年体重的70%；否则，不仅影响母牛的生长发育，而且影响以后产奶性能的发挥。

（2）产后初配时间为60～90天，最早40天，最迟120天。决定产后初配时间主要考虑对受胎率和产奶量的影响。据观察，产后60～90天配种受胎率最高，产后40天以下配种受胎率最低。产后50～80天配种妊娠产奶量最高，产后120天以上配种妊娠产奶量最低。

（3）配前检查。配种前，应检查母牛生殖道状况，对患阴道炎、子宫内膜炎的母牛暂不配种，应抓紧治疗。输精前，应检查精液品质（每批次检查）。精子活力达3.5以上，细管精液有效精子数达每剂1 000万个以上；性控精液每支冻精X精子活力达3.0以上，细管精液有效精子数达每剂200万个以上。

（4）性控冷冻精液配种参配母牛的选择条件。经产母牛：健康、营养状况好、无生殖系统疾病、无不孕症史、发情周期正常的牛。育成母牛：14～16月龄，体高127厘米，体重350千克以上，健康、营养状况良好，生殖系统正常，在注射疫苗的30天内最好不用性控精液配种。

（5）输精时间和次数。适宜输精时间为发情开始后或排卵前12小时。因此，可以早晨发情傍晚输精、中午发情夜间输精或晚上发情次日上午输精。一个情期内输精1～2次，2次间隔8～12小时。对于应用性控精液输精后妊娠诊断未孕的牛，再次发情配种应该改用常规冷冻精液配种。

（6）输精方法和部位。输精方法采用直肠把握输精法。输精部位以子宫体或子宫角基部为宜。性控精液应在子宫角深部输精，在卵泡发育侧子宫角大弯处子宫角深部，并且用特制性控输精枪输精。注意对踢人的奶牛适当加以保定（尤其是后躯后肢，可用止踢棒或者绳子保定），这在一定程度上可避免子宫输精操作对生殖道的损伤和人的安全。

（7）输精的卫生要求。擦洗阴门后，用70%～75%酒精棉球消毒。扒开阴门，插入带塑料外套和外鞘的输精枪。操作抵达子宫颈外口后，拽塑料外套捅破外套，然后进行直肠把握输精操作。尽可能保证无菌操作，按人工授精操作规范执行。

（8）在炎热夏季或严寒的冬季，有条件的奶牛场在解冻细管精液后，可以使用人工授精保温袋装好细管和输精枪，然后带到操作现场进行输精操作。如果是大型奶牛场，可以用电动车装载携带液氮罐、保温杯、暖壶、输精和解冻等器材，在牛舍现场进行解冻和输精操作。

注意事项：根据奶牛场的实际情况做好育种规划，选择经过后裔测定的验证公牛精液，有计划有侧重地进行选种选配，控制近交系数，逐步提高生产性能。

3. 妊娠管理

（1）妊娠诊断。母牛配种后最好进行三次妊娠诊断：第一、第二次分别在配种后60～90天和4～5个月，主要采用直肠检查法；第三次在7个月或干奶时检查，采用腹壁触诊法和直肠检查法。在配种后30～60天，有条件的可用B超诊断，可在30～40天做扫查，然后在2.5～3个月做直肠检查复查，以避免出现早期胚胎死亡造成的损失。一般奶牛配种2个月后流产率小于5%，建议B超诊断可在此时进行，然后3个月直肠检查定胎。B超诊断技术熟练者可在奶牛配种26天后做出诊断。奶牛便携式B超操作和管理规程见本章附录2。也可在配种后20～40天，采用放免或酶免法检查乳汁孕酮含量作早期妊娠诊断。

(2) 妊娠中断。妊娠中断包括早期胚胎死亡、流产和早产（图 3－1AB)。对妊娠中断的母牛应分辨类型，分析原因，必要时进行流行病学及病原学调查。对传染性流产，要采取相应的卫生、防疫检疫措施。尤其是确诊为布鲁氏菌病流产的牛，应及时隔离并无害化处理，对流产胎儿、污染场地进行彻底消毒。

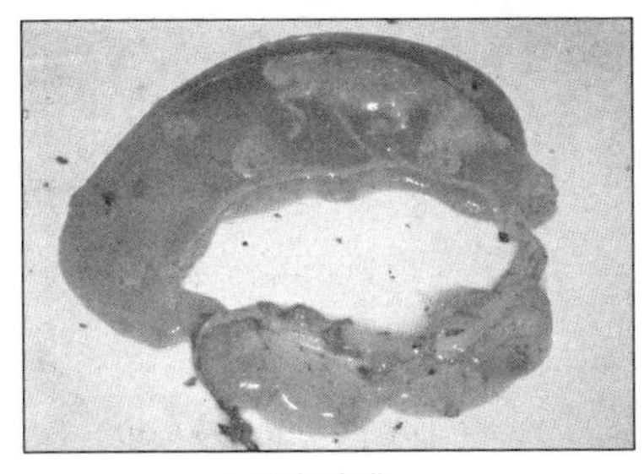

A.流产胎膜

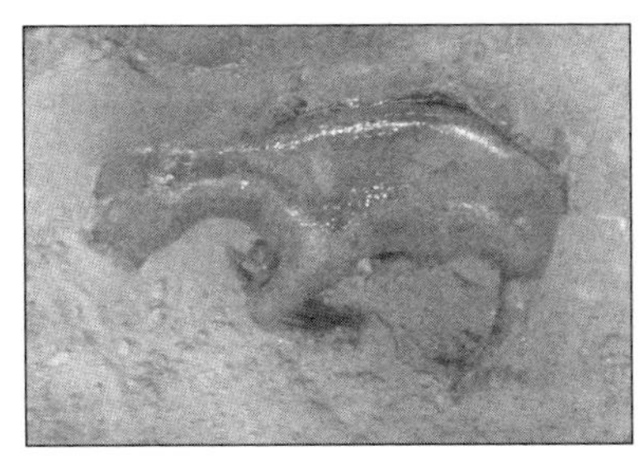

B.流产胎儿

图 3－1 流产胎儿及内容物

4. 分娩管理 优良的分娩管理措施可以最大限度地减轻应激和降低犊牛的死亡率，管理牛群以最大限度地降低母牛难产率为目的，是一个成功牧场的关键，同时还要控制其他因素。

(1) 应设置产房，并执行产房卫生管理制度。

(2) 母牛在预产前 15 天进产房，产后 15 天出产房。有足够产圈和管理良好的奶牛场，可在产前 21 天进产房、产后 21 天出产房。进、出产房前应进行检查，确认是否健康，特别是对乳房和生殖道的检查。

(3) 产房必须干燥、通风良好，在每次分娩使用后必须彻底清理并消毒。

(4) 检查分娩征兆。产前 1～2 天乳房已充满初乳，有的产前出现漏乳，表示数小时至 24 小时即可分娩，经产奶牛在产前 10 天可挤出初乳。产前一周，牛阴唇肿胀增大，皱襞展平；封闭子宫的黏液塞液化后从阴门流出，有时黏附在臀部和尾根；子宫颈塞液化半透明索状，有较明显的挂线现象；乳房水肿；骨盆部荐坐韧带松弛时，坐骨两侧表现塌陷明显（荐骨两旁组织塌陷），经产母牛变化最明显，产前 12～36 小时最明显。奶牛的体温从产前 1～2 个月就开始逐渐上升，可缓慢提高到 39～39.5℃；临产前 12 小时左右，体温则下降 0.4～1.2℃，在分娩过程和产后又逐渐恢复到产前的正常体温。有经验总结认为，“先看乳房后看奶，再看阴道和韧带；有预兆，畜不安；快准备，去接产”。

(5) 助产。在1～3小时强努责后，犊牛的腿应露出，倒生要及时助产。出现难产，则需检查胎向、胎位、胎势。如果胎儿姿势正常后助产牵拉，3个壮劳力不能拉出就不必硬拉，尤其是头胎牛，必要时根据实际情况可做剖腹产。在规模化牛场人力较少或夜间值班时，可以使用大动物助产器进行牵引（图3-2、图3-3），但仍然要遵守助产操作要求，合理使用大动物助产器。

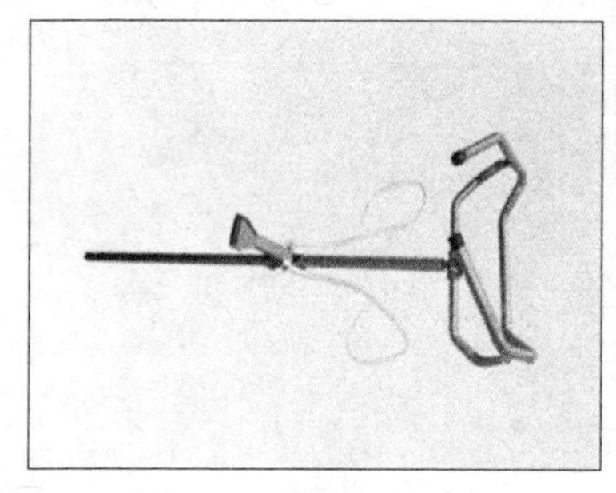
图3-2 奶牛助产器

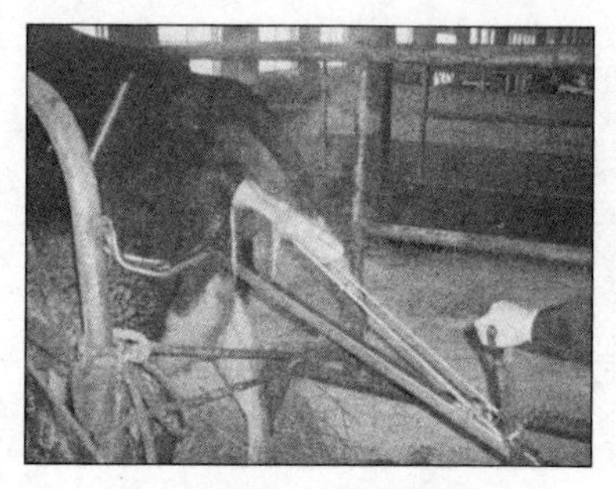
图3-3 奶牛助产

在助产过程中要按产科要求进行，防止阴门撕裂。必要时，可人工诱导分娩，但应以自然分娩为主。

(6) 消毒。助产时，牵拉、截胎、剖腹产等所有与母牛分娩接触的手和器械等物品必须严格消毒，在兽医指导下助产（检查母牛时，严格的消毒程序有利于最大限度地降低感染率）。必要时，给子宫内投放抗生素栓剂（2～4枚）或水溶性土霉素粉8～10克。助产完成后应注射广谱抗生素，防止伤口感染引发恶性水肿。

(7) 正确饲喂青年母牛，以减少难产率。母牛产后喂麸皮盐水或红糖益母草膏（麸皮1～1.5千克，食盐50～150克，温水10千克，红糖1千克）。可用金蟾速补钙，每头牛1瓶，口服1～3次即可，每天1次。

(8) 初生犊牛在2小时内必须喂初乳，首次喂量至少2千克。初乳温度：夏天34～36℃，冬天36～38℃。规模化奶牛场在犊牛出生1小时之内饲喂合格的初乳4千克，不吃的犊牛可以用小牛灌服器4千克。吃完初乳后，让其休息吸收，禁止翻动犊牛。9～12小时之内再次饲喂初乳2千克，保证第一天的饲喂量不低于6千克。使用代乳粉的牛场，建议至少饲喂初乳1周，尤其是产前母牛注射过疫苗的牛场。有条件的奶牛场可用专用设备将初乳冷冻储存，解冻后饲喂哺乳犊牛。在哺乳期，每天喂的牛奶中都要添加一定量初乳。

(9) 母牛出产房必须经人工授精员、兽医检查签字。

5. 产后监护

（1）产后 6 小时内观察母牛产道有无损伤及出血，发现损伤及出血应及时处理。头胎牛在产后半小时内，肌肉注射催产素 60～100 单位。建议较大规模奶牛场产后 2 小时内肌肉注射氟尼辛葡甲胺 20 毫升，只用 1 次。

（2）产后 12 小时内观察母牛努责状况。母牛努责强烈时，要检查子宫内是否还有胎儿，并注意子宫脱征兆。

（3）产后 24 小时内观察胎衣排出情况，发现胎衣滞留应及时治疗。不易剥离时投放抗生素，把露在外边的胎衣剪断，以免影响挤奶操作。

（4）产后 7 天内观察恶露排出数量和性状，发现异常及时治疗。

（5）产后 15 天左右观察恶露排尽程度及子宫内容物洁净程度。恶露应在 15 天排尽，子宫内分泌物应洁净、透明。发现异常酌情处理。

（6）产后 2 周内对子宫隐性感染进行监测。

控制标准：牛群产后子宫隐性感染率<30%。

方法：用 4%的苛性钠液 2 毫升，取等量子宫黏液混合于试管内加热至沸点。冷却后，根据颜色判定。无色为阴性，柠檬黄色为阳性。

如为阳性，则按隐性子宫炎及时治疗处理。

（7）奶牛产后监控卡片见表 3-2。

表 3-2　奶牛产后监控卡片

牛号	产犊日期	产前状况		分娩过程			产道及外阴		24 小时内胎衣排出					产后 7 天恶露			产后 15 天		产后 25 天检查			出产房		产后第一次发情	产后第一次配种
		精神	努责	顺产	助产	难产	良好	损伤	自落	不落	剥全	不全	用药次数	颜色	气味	处理情况	分泌物	处理情况	正常	异常	处理	日期	签字		

6. 产后繁殖机能恢复的定期检查

（1）产后 30 天左右，通过直肠检查判断子宫的复旧情况。发现子宫复旧延迟或不全时，应即时治疗。重点是子宫复旧及有无子宫内膜炎。

（2）产后 45 天，直肠检查子宫卵巢状况。需要处理时，要根据膘情和检查结果给予处理。若有功能黄体，可用氯前列烯醇 1～3 支；若有卵泡，则观察或隔 11 天后用氯前列烯醇处理；若卵巢静止应及时催情，重点是超过 45 天不发情的牛和慢性子宫内膜炎的牛。

(3) 产后60天仍不发情的母牛必须做直肠检查，必要时做阴道检查。若出现卵巢静止，则采用HCG2 000～3 000单位肌肉注射，注射后12天检查黄体状况，注射氯前列烯醇2～3支（0.2～0.6毫克）或肌肉注射三合激素1毫升/100千克体重；若卵巢上有功能黄体，则直接用氯前列烯醇处理，一般2～3支，即0.2～0.6毫克；若有卵泡应及时给予观察，必要时在检查后第12天直接用氯前列烯醇处理，一般2～3支，即0.2～0.6毫克；若卵巢静止或无功能黄体（黄体小于5～7天），此时用黄体酮100～200毫克，连续肌肉注射7～11天或采用阴道海绵栓埋植法第12天用前列腺素处理。

(4) 建立产后对子宫炎检、防、治制度，在检查中注意如下几点：

产后10天左右：奶牛恶露排出后期，记录观察生殖道分泌物的性状。

产后20天左右：观察，若分泌物异常，及时采取措施。

产后30天左右：定期检查子宫复旧及卵巢的恢复情况，记录观察生殖道分泌物的性状。

产后20天和30天两个阶段决定是否采取治疗措施。以上3个阶段的检查、预防、治疗制度是保证母牛产后40～50天正常发情配种的关键。根据对产后生殖机能障碍研究，将奶牛产后生殖机能恢复划分为产后1～2周的性机能相对静止期、产后3～5周母牛性机能恢复的环境依赖期及4～7周卵巢机能恢复前后子宫复旧依赖期3个阶段，第二阶段是奶牛产后生殖机能的病理/生理转化期，因此此阶段是防治子宫炎的最佳时期。

以上产后监护及产后机能恢复定期检查是奶牛繁殖控制程序中的重要环节，可以检查出许多繁殖疾病或异常情况以便及时治疗，缩短产犊间隔，从而减少经济损失。

(5) 必要时，应对产后母牛子宫分泌物作细菌培养和药敏实验。在围产后期和泌乳高峰期定期进行牛群主要血液生化指标的检测（β-胡萝卜素、钙、磷等）。有条件时可进行乳汁孕酮测定分析。

(6) 在规模化奶牛场产后繁殖管理中，要制定主要繁殖技术指标考核，并对牛群繁殖的动态监控程序重点抓监督落实，技术上不能掌握的要请繁殖专家进行培训或请繁殖专家对奶牛场定期走访。通过制定管理措施形成制度，坚持此项工作，定期分析工作成效，不断改进繁殖管理工作水平，牛群繁殖水平将会有很大的提高。

7. 奶牛繁殖管理的其他方面

(1) 繁殖计划。

初配月龄：做好后备牛的饲养管理，不但能使后备母牛较早地达到合适的体重，同时还可提高受胎率和顺产率。荷斯坦牛至少达到350千克体重即14～16月龄的上限。

产犊间隔：通常的产犊间隔是12.5～13个月。分娩后50～60天出现发情时，即可予以配种。平均两个情期受胎，妊娠期280天，则12个月之后即可又一次分娩，但会有很多因素影响这个计划的实施。实验证明，对一些有很高泌乳能力的母牛，为了充分发挥其产奶性能，在分娩后100～120天甚至更长一些时间实施配种计划是经济的。

季节性繁殖：就奶牛场自身效益和管理难度而言，避开最为炎热的七八月分娩。优点：一可提高305天产奶量；二可减少产科疾病；三可提高受胎率。七八月的奶牛分娩，通常只安排部分青年牛。有时为适应市场对乳制品的需要，平衡价值与价格规律，6～8月也可有计划地多安排一些牛只分娩。

选种选配：应用良种公牛的冻精作人工授精，使之获得新的优秀遗传素质，提高后裔的生产性能与经济效益，在奶牛繁殖技术中周期较长，但回报率较高。不同系谱的亲本奶牛相互结合的后裔，有不同程度的效应与回报率，亦有出现负效应的。所以，在选择同样优秀种公牛精液时，还必须注意其结合效应，以便取得较好的选种效果。

（2）笔记本。奶牛繁殖工作之成败，是由每天几次的临场观察之效果所决定的。观察的内容包括电脑提示牛只发情、过情、异常行为、子宫（阴道）分泌物状况、配种、验胎、流产等各种信息。把这种信息及时摘记在随身小笔记本上，随后分别输入电脑或档案卡，或安排工作处理的程序，这是一种十分简便和良好的习惯。每天应将笔记本内容按发情、配种及繁殖障碍分类，分别造册或输入电脑。

（3）牛只繁殖卡（档案）。每头奶牛在初情期后，应建立该牛的档案（繁殖卡见表3-3）。

表3-3　奶牛终生繁殖卡片

牛号：＿＿＿＿＿　出生日期：＿＿＿＿＿　编号：＿＿＿＿＿

<table>
<tr><th rowspan="2">与配公牛</th><th colspan="3">配种日期</th><th rowspan="2">配次</th><th rowspan="2">发情距离</th><th colspan="2">妊检</th><th rowspan="2">预产日期</th><th rowspan="2">实产日期</th><th rowspan="2">相差日期</th><th rowspan="2">妊娠日数</th><th rowspan="2">胎次</th><th colspan="2">犊牛</th><th rowspan="2">备注</th></tr>
<tr><th>年</th><th>月</th><th>日</th><th>日期</th><th>结果</th><th>初生体重</th><th>性别</th></tr>
<tr><td></td><td></td><td></td><td></td><td></td><td></td><td></td><td></td><td></td><td></td><td></td><td></td><td></td><td></td><td></td><td></td></tr>
<tr><td></td><td></td><td></td><td></td><td></td><td></td><td></td><td></td><td></td><td></td><td></td><td></td><td></td><td></td><td></td><td></td></tr>
<tr><td></td><td></td><td></td><td></td><td></td><td></td><td></td><td></td><td></td><td></td><td></td><td></td><td></td><td></td><td></td><td></td></tr>
</table>

繁殖卡内容包括牛号、所在场、舍别、出生日期、父号、母号、发情期、配种日期、与配公牛号、验胎结果（预产日期）、复验结果、分娩或流产、早产日期、难/顺产、犊牛号、重大繁殖障碍摘记等。繁殖卡的内容应在发生当月固定的日期填清。

（4）月报表。

配种月报表：每月3日应将上月配种情况汇总列表报告。配种月报表应包括下列内容：序号、舍别、牛号、配种日期、与配公牛号、配次、耗精数与备注。报表按配种日期顺序编报。

验胎月报表：每月3日应将上月验胎及复验情况分别列表。验胎月报表包括序号、舍别、母牛号、与配公牛号、配种日期、验胎日期及结果、预产期。其顺序与配种报表相对应。

不正产月报表：每月3日应将上月不正产（怀胎日≤270天）情况列表报告。不正产月报表应包括不正产日期、舍别、母牛号、胎次、配种日期、在胎天数、与配公牛号、胎儿、胎衣、分泌摘记、原因简析等。其报表顺序按不正产日期填报。

月报表实行电脑管理的，内容不应低于上述各条要求。

月报表均应一式二份及以上，由制表人与收表人分别签发（收），并各执一份供使用及备查。

（5）技术统计。

①年情期受胎率：国内外通常以情期受胎率来了解和比较牛群的繁殖水准和技术水准。年情期受胎率要求达到53%～55%。计算公式为：

$$年情期受胎率=\frac{年受胎母牛总头数}{年发情并配种牛总头数}\times100\%$$

年情期受胎率统计日期按繁殖年度，即上年10月1日至本年9月30日止计算。

②年一次受胎率：可反应奶牛场人工授精员掌握配种技术的水平。年一次受胎率达到60%是较高水准标志，其计算公式为：

$$年一次受胎率=\frac{适配期第一回实施配种牛的受胎数}{适配期第一回实施配种的牛头数}\times100\%$$

以繁殖年度计算。

③年总受胎率：要求达到85%。计算公式为：

$$年总受胎率=\frac{年受胎母牛头数}{年受配母牛头数}\times100\%$$

以繁殖年度计算。

注：中国奶业协会规定，公式中的分子与分母范围为：年内2次受胎按2头计算，以此类推；配后2个月内出群的母牛不确定妊娠者不统计，配后2个月后出群的母牛一律参加统计，以受配后2～3个月的妊娠检查结果确定受胎头数。

④年分娩率：要求达到82%。计算公式为：

$$年分娩率=\frac{年实际分娩母牛头数}{年应分娩母牛头数}\times 100\%$$

年实际分娩牛头数为：年内≥270天分娩母牛头数减去去年内移入并分娩的母牛头数，加上出售牛中年内能分娩的母牛头数。

年应分娩母牛数为：年初18月龄以上母牛头数加上年初未满18月龄提前配种并在年内分娩的母牛头数。

中国奶业协会规定，年繁殖率的计算公式与年分娩率一样，但其计算范围有以下差别：妊娠7个月以上中断妊娠的，计入公式分子内。年内出群的母牛，凡产犊后出群的，一律参加统计；凡未产犊而出群的，一律不参加统计。

三、不孕症的综合防治

1. 环境控制

（1）运动场要设食盐矿物质补饲槽、饮水槽。保证足够新鲜的清洁饮水，每年至少要全面检查一次饮水的质量。饮用水要符合卫生质量要求，冬季不饮冰冻水。

（2）做好冬季防寒、夏季防暑工作，使冬季舍温在0℃以上、夏季舍温在28℃以下。炎热时，可以在牛舍内安装吊扇、排气扇，饮用冷却水。

（3）奶牛要进行适当的运动，提供充足的阳光照射和新鲜空气，改善周围环境（如植树）。

（4）运动场、牛舍要保持清洁卫生，粪便即时清除。做到及时排水，牛舍内要定期消毒。

（5）对规模化奶牛场要设置产房，狠抓产房卫生消毒和饲养管理制度的落实。

2. 营养调控

（1）保证干草每头牛每天最少4千克，最好用优质干草。湿啤酒糟喂量不得超过10千克/天，甜菜渣不得超过10千克/天。棉子饼要根据棉酚含量、脱毒工艺、饲喂时间来考虑喂量，一般棉子饼粕占精料的5%～15%。必要时，在精料中添维生素 AD_3E 粉和0.1%硫酸亚铁（按预防量添加，与测定中的游离棉酚含量相当）。

（2）饲喂中力求饲料多样化，提供全价日粮，对奶牛进行科学的规范化饲养。

要点：①在精料中添加奶牛保健素或奶牛专用添加剂1%；②饲料中的钙磷比为1.5～2∶1，缺硒地区应另外补硒；③母牛在产前、干奶期和产后60天进行膘情评分（体况），一般干奶期膘情以三级偏上，但不超过四级为宜，产后60天以三级或三级偏下为宜，评分方法用BCS法；④禁止饲喂霉败、变质、冰冻的饲料；⑤不能长期大量饲喂青贮，一般每头牛每天饲喂青贮不超过20千克；⑥可在牛舍和运动场内放置舔砖，让奶牛自由舔食。

3. 药物预防

（1）预防胎衣不下发生（因其可继发子宫炎）的方法是：①产前21天补硒和维生素E，深部肌肉1次注射亚硒酸钠—维生素E注射液20毫升；②产前15天注射亚硒酸钠1次，按每50千克体重2毫升，同时注射维生素E 3～4克，每天1次，连注3天；③对缺硒地区，经常给牛补充硒和维生素E，按每100千克饲料中添加成品亚硒酸钠—维生素E粉100克。

注：以上可选一种方案。

（2）对体质差、曾发生过产前产后瘫痪、爬卧不起综合征的奶牛，产前3天内或产后立即静脉注射25%葡萄糖1 000毫升和5%葡萄糖酸钙500～1 000毫升1～2次。

（3）产后6小时内给母牛注射苯甲酸雌二醇20～30毫克，催产素40～60单位，以促使胎衣排出，使子宫尽早复旧；也可考虑用中药制剂。

4. 不孕症的药物治疗 由于管理因素造成的不孕症，可由改善繁殖管理予以解决。其繁殖管理要点：

（1）应用激素对母牛进行繁殖控制的程序（图3-4）。

说明：

①用PG消黄，只对发情周期中5～15天的功能性黄体有效。

②苯甲酸雌二醇20～30毫克，氯前列烯醇0.4～0.6毫克，是对患子宫复旧和子宫炎的牛进行处理。

③对已发情的泌乳奶牛（经产牛）可以实施同期化排卵定时输精，基本方案如下：首先，在发情周期的5～10天，注射一次LRH 25～50微克（当天计为0天），到第7天注射氯前列烯醇0.4～0.6毫克，隔2天再注射LRH 25～

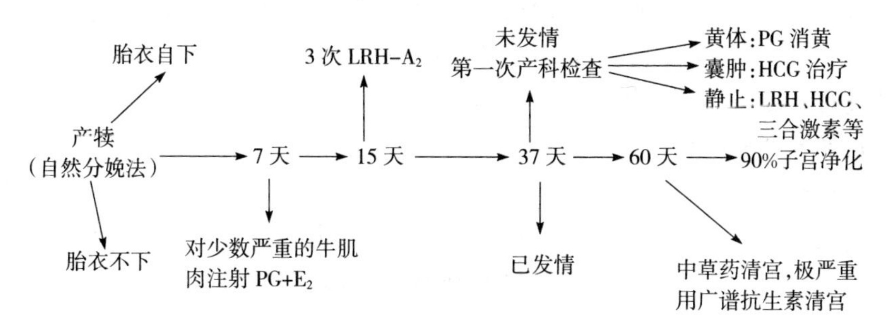

图3-4　母牛繁殖调控程序

50微克，过18小时后配种或观察发情后配种。其次，注射一次LRH 25～50微克（当天计为0天），同时在阴道放置CIDR（阴道孕酮释放装置），第7天撤栓，撤栓同时注射氯前列烯醇0.4～0.6毫克，隔2天再注射LRH 25～50微克，同时配种或观察发情后配种。最后，注射苯甲酸雌二醇2～5毫克和黄体酮100毫克（当天计为0天），同时在阴道放置CIDR（阴道孕酮释放装置），第7天撤栓，撤栓同时注射氯前列烯醇0.4～0.6毫克，第8天注射苯甲酸雌二醇2～5毫克，观察发情配种或28小时后配种。

注意：以上3个同期化排卵定时输精方案必须严格在规定时间使用。在处理方案过程中有发情母牛可适时输精，并停止剩余操作；未孕母牛也可执行以上3个方案。

（2）主要卵巢疾病的治疗。

卵巢囊肿：HCG 10 000～20 000单位静脉注射；或黄体酮每天一次，每次100毫克，直到无症状为止，一般需注射14次。

黄体囊肿：根据囊肿大小注射氯前列烯醇6～8毫升，3～5天后可见发情。

持久黄体：在高产奶牛群中所占比例较大，由于不平衡的饲养、维生素与矿物质缺乏、产奶量过高、体膘过瘦造成新陈代谢障碍，致使卵泡素分泌不足、黄体素分泌过多，易造成持久黄体。根据黄体大小，一般注射4～6毫升氯前列烯醇，70%～80%的奶牛在3～4天内发情。同时，有子宫炎的也要给予治疗。

卵巢静止：产后2个月内的奶牛容易发生。原因是产奶量高、促乳素分泌过高、体膘太差、营养跟不上等。可用绒毛膜促性腺激素（HCG）3 000～4 000单位，促黄体释放激素（LRH-A）200～400微克，注射HCG或LRH后8～12天进行直肠检查。如有黄体，可肌肉注射氯前列烯醇（PG）6毫升，

3～4 天内 60%～70%中可见发情；如仍未发情，可继续注射以上药物直至发情配种。也可用三合激素按每 100 千克体重肌肉注射 1 毫升，等到第二次自然发情配种；还可用催情中药处理。这些方案处理后，第一次发情不配种，待第二次自然发情后配种。

附：另一方法诱导发情如下：

第一天 P_4	100 毫克	E_2	5 毫克	
第二天 P_4	100 毫克	PMSG	330 国际单位	
第三天 P_4	100 毫克			
第四天 P_4	100 毫克	PMSG	330 国际单位	
第五天 P_4	100 毫克			
第六天 PG	0.4 毫克	P_4	100 毫克	PMSG 330 国际单位

说明：P_4 一般用黄体酮，E_2 为苯甲酸雌二醇，PMSG 为孕马血清，PG 为氯前列烯醇。

(3) 子宫炎的治疗。

临床型子宫炎：对子宫炎治疗，第一天肌肉注射大剂量雌激素 40～60 毫克；第二天注射一半量雌激素的同时肌肉注射催产素 20～60 单位，间隔 4 小时再注射一次，连续 4 次；第三天选用 0.1%～0.2%利凡诺或生理盐水冲洗子宫后，以水溶性土霉素 5～10 克溶于 250～500 毫升生理盐水中，加温至 40℃，一次宫内灌注，隔天一次，一般用 4～8 次即可。要根据炎症性质、轻重考虑土霉素用量和灌注次数，适用于子宫蓄脓和脓性卡他性子宫内膜炎。其优点是效果确实、价格便宜，但治疗次数多，对子宫有机械性刺激。在考虑到奶废弃的情况下，在冲洗子宫后可以给子宫灌注中药清宫液 50 毫升，以减少经济损失。

用宫复康治病时，应先清宫，再宫内注宫复康 30～50 毫升，轻症 30 毫升、重症 50 毫升，隔天一次，2～5 次即可。适用于卡他性子宫炎、脓性子宫内膜炎、慢性子宫内膜炎。优点是治疗次数少，对子宫机械性损伤的可能性小，但价格较贵。

卢戈氏液，由碘 1 克、碘化钾 2 克、蒸馏水 300 毫升或 225 毫升配制成。可视宫腔容积大小，通常用 50～150 毫升，注入子宫后通过直肠轻度按摩子宫，使药液分布均匀。必要时，加等量甘油以减少对子宫的刺激而减轻努责度。隔 3 天一次，一般用 2～5 次。适用于脓性子宫内膜炎。优点是卢戈氏液除了杀菌外，还可以对黏膜起到“刮除”作用。浓度高的卢戈氏液若在发情 5～15 天内使用，会使发情周期缩短。一般在使用后第 5 天发情，这可能是诱导释放前列腺素所致。在使用常规浓度卢戈氏液时，同时肌肉注射氯前列烯醇 0.4～0.8 毫克，促进不净物质排出。其优点是卢戈氏液具有净化子宫效果，价格低廉，使用面广，效果确实，无抗药性，牛乳中无抗菌素残留。

临床型子宫炎治疗处理方面，可以采用子宫灌注西药和同时口服促孕促发情的中药相结合的方案进行处理，以便缩短疗程、缩短药物残留期，减少废弃牛奶。

隐性子宫内膜炎：青霉素 160 万～320 万单位，硫酸链霉素 200 万单位，用生理盐水 50～250 毫升配制成溶液，加温至 40℃。在配种前 6～8 小时或配种后 10～18 小时注入子宫。

注意事项：①对于纤维蛋白性子宫炎不能进行冲洗；②必要时配合全身治疗；③治疗要分阶段，并以抗生素和激素配合应用为主。

（4）屡配不孕牛的原因及处理措施。

屡配不孕牛的原因：①子宫炎：许多屡配不孕奶牛人工授精后可以形成受精卵（胚胎），只是由于子宫内环境问题导致胚胎早期死亡，最终屡配不孕，占 60%以上，表现症状为子宫有炎性分泌物，且多以隐性子宫炎为主；②卵巢囊肿：发病率相对较高，但常被忽视，主要表现为反复发情，通过直肠检查可确诊；③输卵管堵塞：一般是输卵管炎引起，可由子宫炎继发或子宫冲洗不当引起，致使精卵不能结合；④人工授精操作不卫生：对细管输精枪、颗粒输精枪未作严格消毒或不消毒，在操作过程中不注意卫生，给正常发情奶牛造成人为“子宫炎”，从而导致屡配不孕；⑤营养有关问题：营养对胎儿的正常发育和母牛妊娠的正常进行有强烈影响，如营养不足或失衡会造成母牛流产、不育、分娩并发症及小牛发育不良、疾病等。

高产奶牛发情配种容易出现的问题：①记录错误：耳标牛号不清楚，假发情或未发情牛也进行了配种；②输精时间太晚或太早，导致人工授精时间不适当；③产后 60 天未发情，也未进行人工催情；④发情持续时间长，尤为排卵时间延长；⑤隐性发情率高，发情不旺盛的牛增多；发情配种后，早期胚胎死亡率高。

多次配种和受胎率的关系：①多次配种易产生抗精子抗体，致使受胎率下降；②产奶性能与繁殖力呈负相关，牛群的平均受胎率与受胎率低的母牛有密切关系，如果有足够的后备母牛就应该及时淘汰那些受胎率低的母牛；③一般随着产奶量的升高，尤其是每年单产 8 吨以上的奶牛繁殖受胎呈下降趋势，与人为控制条件的多种应激因素有关，致使奶牛发情不旺盛、受胎率下降；④高产奶牛日粮营养不平衡，产后营养负平衡严重，导致内分泌易紊乱，多次配种受胎率下降低。多次配种与受胎率之间的关系见表 3-4。

表 3-4　多次配种与受胎率之间的关系

100 头母牛受胎头数	妊娠母牛（%）	
	少于 3 次配种	多于 3 次配种
70	97	3
60	94	6
50	88	12
40	78	22
30	66	34

屡配不孕牛的措施：①加强对奶牛发情的观察，提高奶牛发情检出率；②产后 15 天、20～30 天、45 天、60 天、120 天，各阶段分别直肠检查内容为：子宫分泌物洁净程度，子宫复旧，有无子宫炎，卵巢活性，不发情或有病理性乏情的奶牛，凡超过 60 天不发情的必须检查，形成定期的专业化的检查制度，尽量把各阶段的繁殖病理情况逐步消灭在萌芽状态，及早发现问题及早处理，突出“防重于治”，早期发现后，阶段性直肠检查能监督治疗效果；③增加输精次数，可在第三次发情时配种 2～3 次，甚至多次，间隔时间为每隔 8～12 小时一次；或在发情配种同时肌肉注射 LRH-A_3 1 支（25 微克/支），可使发情排卵延迟，卵泡及早成熟破裂排卵，以缩短排卵时间，有利于精子和卵子的结合；④诊断隐性子宫炎的临床简便方法：一是用子宫洗涤器冲洗子宫，看导出回流液；二是用胚胎移植用的采卵管冲洗子宫看回流液，若有少量絮状物或不洁分泌物或稍浑浊提示有隐性子宫炎；发现有轻度子宫炎或隐性子宫炎，可经子宫灌注中草药清宫液 100 毫升或土霉素溶液 50 毫升（2 克），等下次发情再配种均能受胎；治疗隐性子宫炎最好先用胚胎移植的冲卵管冲洗子宫，然后再用蒋氏子宫注射管注射药物，治疗最佳时机在发情时或产后 20～30 天；⑤对于出现发情的隐性子宫炎牛，在配前 6～8 小时、配后 8～12 小时清宫，可用氨苄青霉素（医用）2～3 支，硫酸链霉素 2 支，生理盐水 50 毫升，一次宫内注射；⑥对已确诊为屡配不孕的奶牛可更换种公牛精液，以防产生抗精子抗体现象或隔 2 个情期时间再配，这样隔一段时间抗体滴度会降低，可避免此种因素的影响；⑦配种后第 4～5 天或 15～18 天，采用绒毛膜促性腺激素 1 500 国际单位，促黄体素 100～200 国际单位/头，肌肉注射，每天 1 次，连用 2～

3次，可促进黄体发育，对防止由于孕酮分泌不足而引起的早期胚胎死亡有明显效果；⑧在预计发情前10～20天，可用维生素AD_3E注射液，1次肌肉注射20毫升，隔10天再注射1次，对于发情周期中卵巢上黄体发育功能有效，一般发情配种后黄体发育较好，可达1.5厘米以上，使早期胚胎死亡减少。

四、培训合格人工授精员

合格的人工授精员应具备以下条件：

第一，有强烈的责任心，能够做好发情鉴定，有良好的直肠把握输精技术。

第二，有良好的直肠触诊妊娠诊断技术。

第三，对卵巢的状态如黄体（CL）、卵泡（F）等有熟练的手感，并且掌握生殖系统疾病诊疗的常规技术。

第四，具备一定的理论素养，能在生产实践中合理应用生殖激素。

第五，了解奶牛饲养管理的常规技术，并对繁殖管理工作积极主动，愿意不断学习提高繁殖技术水平。

随着今后奶牛业的发展，有条件的规模化奶牛场或养殖小区的人工授精员应学会应用B超进行早期妊娠诊断。

五、激素的正确使用

1. 前列腺素的使用

（1）前列腺素对母牛生理的作用。

对卵巢的作用：前列腺素具有溶黄体作用，并可直接作用于卵泡，促进排卵。

对输卵管的作用：前列腺素可使输卵管松弛和收缩。

对子宫的作用：前列腺素可强烈刺激子宫平滑肌收缩，对子宫颈有松弛作用。前列腺素可增加催产素的分泌量，前列腺素可提高怀孕母牛子宫对催产素的敏感性。

对受精的作用：前列腺素能促进精子在母牛生殖道内运行，可改变子宫和输卵管的张力，有利于精卵结合。

对分娩的作用：前列腺素可诱发子宫在分娩时的收缩运动，还能使妊娠后期母畜体内的雌激素升高，增强催产素的作用，有利于分娩的进行。

（2）前列腺素的投药方式。

子宫角内注射：注入有黄体一侧的子宫角内，效果好、用量小。

子宫颈内注入：与人工输精方法相同，将前列腺素注入子宫颈内，效果也较好。

肌肉注射：简便有效，但用药量大，一般为上述方法的2～4倍。

阴道注射：用法简单，但用药量大，用药后见效较慢。如果用于母牛促情，用药后出现发情的时间比子宫注射迟2天左右。

（3）前列腺素在母牛繁殖中的应用。

控制母牛的发情周期：用前列腺素对排卵5天后的黄体进行处理，发情后配种受胎率可达65%～70%。另外，前列腺素可与孕激素结合使用，而先用孕激素制的阴道栓或皮下埋植处理7天，并在处理的第6天使用前列腺素。此法处理时间短，发情受胎效果好。

用于母牛人工流产和引产：母牛妊娠早期，用前列腺素处理流产率很高。在妊娠263～276天时，用前列腺素引产，可使母牛在3天内分娩，但易造成产后胎衣滞留。

用于治疗繁殖疾病：①治疗持久黄体：在间情期，给患此病的母牛注射前列腺素，可使黄体明显减少，一般在用药后第3天发情，第4～5天排卵；②治疗黄体囊肿：确诊为黄体囊肿的母牛直接用前列腺素处理，5～7天后对侧卵巢排卵。

治疗子宫疾病：①促进母牛产后子宫恢复：母牛产后5～30天，用前列腺素处理，2～7天内可排出恶露，在5～26天内子宫可恢复正常体积；②清除子宫内膜炎愈后残留黄体：肌肉注射前列腺素3～4天后，母牛可开始发情；③促进子宫积液排出：对子宫积液的母牛肌肉注射前列腺素，用药后第3天可排出积液，第4～5天发情配种；④清除子宫积脓：用前列腺素处理24小时后90%母牛的黄体溶解，并开始排脓，3～4天后有发情表现。重症牛，第一次治疗无效时，可在10～14天后进行第二次治疗，用前列腺素处理后，第一次出现发情不配种：第二次自然发情时再配种；⑤胎儿干尸化：注射前列腺素24小时后黄体溶解，90～120小时可使干尸化胎儿排到阴道。此时，有经验的兽医助产取出干胎即可。

2. 催产素的使用及注意事项

（1）催产素对子宫的收缩作用以临产及刚分娩后更为有效，无分娩预兆时用催产素无效。

（2）催产素主要作用于子宫体，对子宫颈的作用微弱。所以，子宫颈未张开或助产过迟子宫不再收缩、子宫颈已经缩小时，用催产素效果不理想。

（3）骨盆过狭、产道受阻、胎位不正等原因引起的难产及有剖腹产史的母牛禁用；否则，子宫剧烈收缩时可能发生破裂。因此，在使用催产素前须先检查产道、胎位情况以及是否有剖腹产史。

（4）使用催产素治疗难产时，注射适量的苯甲酸二醇，可提高子宫对催产素的敏感性。

（5）在临床上常可见到使用催产素后，使胎儿胎盘过早脱离母体胎盘导致胎儿缺氧死亡。因此，催产素使用要适量，一般每次用50～100单位。根据子宫收缩及胎儿排出情况，可以考虑间隔2～3小时再使用1次，同时结合人工助产。

（6）临床上经常出现使用催产素后，由于母牛用力过度导致身体极度疲劳，虚弱无力，影响产犊，所以使用催产素时要加强对母牛的护理，补充足够的能量和体液。最好将催产素稀释到5%葡萄糖盐水中，静脉注射。

3. 雌激素在生产中的应用

（1）诱导发情和同期发情。

方法一：第1天采用E_2 2～5毫克、$P_4$100毫克，从第2天开始每天用P_4 100毫克，连续用药6～11天，在6～11天期间的任意一天注射PG2支（0.4毫克），停药后发情。

方法二：用18-甲基炔诺酮30毫克，加少量消炎粉，装入带小孔的塑料细管内，埋植于耳背皮下，同时肌肉注射5毫克18-甲基炔诺酮和$E_2$4毫克，9天后取出塑料细管，分别在取出埋植的细管72小时、96小时两次定时输精。单用E_2诱导乏情母牛发情，发情指征明显，但大多数不排卵。

（2）促发情及促受胎。主要适用于安静发情，但需要判定和预测安静发情的时间。一般在预计第二次发情到来前1～2天或本次发情母牛流2～3天的稀薄黏液时，可注射苯甲酸雌二醇2～5毫克或三合激素1～1.5毫升。当出现发情时，可输精，并肌肉注射LRH-A_3 1支（25微克）。

（3）治疗子宫内膜炎，促进子宫内容物（积水、积脓）的排出。雌激素可促进子宫颈口开张，子宫肌收缩和排出炎性分泌物，并使子宫内膜增生，增强生殖道防御微生物的能力。肌肉注射苯甲酸雌二醇20毫克，氯前列烯醇0.4～0.6毫克，然后子宫注射抗生素。对于急性、慢性卡他性或脓性子宫炎，连用2～3天即可治愈。当采用PG时，用药后2～5天可能发情，一般输精可受孕。

常用生殖激素的种类、英文简称、来源及主要功能见表3-5。

表 3-5 常用生殖激素的种类、英文简称、来源及主要功能

种类	名称	简称	来源	主要作用	化学特性
神经激素	促性腺释放激素	GnRH	下丘脑	促进垂体前叶释放促性腺素（LH）及促卵泡素（FSH）	十肽
	催产素	OXT	下丘脑合成，垂体后叶释放	子宫收缩和排乳	九肽
垂体促性腺激素	促卵泡素	FSH	垂体前叶	促使卵泡发育和精子发生	糖蛋白
	促黄体素	LH	垂体前叶	促使卵泡排卵，形成黄体；促使孕酮、雌激素及雄激素的分泌	糖蛋白
	促乳素	PRL	垂体前叶	促进黄体分泌孕酮；刺激乳腺发育及泌乳；促进睾酮的分泌	糖蛋白
性腺激素	雌激素	E	卵泡、胎盘	促进发情行为；反馈控制促性腺管道发育；雌性生殖管道发育；增加子宫收缩力	类固醇
	孕激素	P	黄体、胎盘	与雌激素共同作用于发情行为；使子宫收缩，促进子宫腺体和乳腺泡发育；对促性腺激素有抑制作用	类固醇
	睾酮	T	睾丸间质细胞	维持性第二性征；副性器官刺激精子发生；性欲，好斗性	类固醇
	松弛素		卵巢、胎盘	促使子宫颈、耻骨联合和骨盆韧带松弛、妊娠后期保持子宫松弛	十肽
	抑制素		卵巢、睾丸	抑制 FSH 或 LH 分泌及作用等	多肽
胎盘促性腺激素	绒毛膜促性腺激素	HCG	灵长类胎盘绒毛膜	与 LH 相似	糖蛋白
	孕马血清促性腺激素	PMSG	马胎盘	与 FSH 相似	糖蛋白
其他	前列腺素	PGs	广泛分布，精液最多	溶黄体作用；还有多种生理作用	不饱和脂肪酸

六、人工诱导泌乳技术

1. 诱导泌乳条件 经产不孕干奶牛、不孕育成牛、不孕产少量奶的牛

（这种牛必须停奶 60 天后再诱乳）。

2. 方法

（1）每天按每千克体重皮下注射苯甲酸雌二醇 0.1 毫克、孕酮 0.25 毫克，连续处理 7 天，然后每天肌肉注射利血平 4～5 毫克（体重 500 千克以下的牛剂量酌减），连用 4 天。或用 15-甲基前列腺素 1.2～2.4 毫克代替利血平，连用 2～4 天。全部处理完后试行挤奶。处理期间，每天 3 次用温开水擦洗并按摩乳房 2～3 次，每次 15～30 分钟。

（2）于自然发情或诱导发情后第 4 天开始处理。每天早、晚各 1 次，皮下注射苯甲酸雌二醇和孕酮（每千克体重雌二醇 0.05 毫克、孕酮 0.125 毫克），共注射 11 次（5.5 天），间隔 1.5 天，再每天注射一次利血平，连续 7 天。剂量为前 4 天 3 毫克/次，后 4 天 4 毫克/次（体重小于 500 千克的牛酌减）。处理期间同样要按摩乳房，全部处理完毕后开始试行挤奶。

（3）诱乳激素和地塞米松法。采用内蒙古大青山兽药厂诱乳激素，按 2 毫升/100 千克体重分早、晚两次肌肉注射，连续 7 天，7 天后间隔 5 天，每天再注射地塞米松 20 毫升，连注 5 天。一般在用药 7 天后挤出乳汁。

（4）可用西北农林科技大学与西安草滩制药厂研制的不孕奶牛催奶注射液，效果较好。

通过上述方法人工诱导后，不仅可使奶牛重新产奶，而且使奶牛的繁殖障碍性疾病得到治疗，经济效益显著。经产牛人工诱导成功后，在泌乳期内产奶量不低于 4 000 千克，育成牛不低 3 000 千克。对由于繁殖障碍而被视为需淘汰的良种奶牛尤其是高峰胎次牛，采用人工诱导泌乳较为实际。

3. 注意事项

（1）开始 7 天之内挤出的乳不能食用。

（2）注射处理完以后，奶牛表现发情，此时一般不予配种，只进行子宫治疗，待下次自然发情时再配种。

七、奶牛便携式 B 超操作与使用

为了保证便携式 B 超仪的正常使用，更有效地发挥其作用，特制定以下操作和使用指南。

1. B 超操作基本步骤

（1）首先，要了解奶牛的一般繁殖状态和查阅产犊配种记录。成母牛配种天数要大于 30 天，青年牛配种天数要大于 25 天，才可以进行 B 超繁殖检查

(最好建议统一为配种后30天)。

(2) 在牛舍内最好将牛站立保定，无论是在通道内，还是在带颈枷的牛舍内、挤奶厅操作，为了人和仪器的安全，都要对牛做一适当的保定。必要时，也要用绳子或者止踢棒对后肢保定，尽量避免牛来回摆动。B超前应将牛直肠内的宿粪尽量掏出，以避免牛粪对B超探头扫描成像造成不利影响。

(3) 为避免探头磨损，可将人用安全套加部分耦合剂套在探头上。在清理直肠内宿粪的同时，将子宫角和卵巢在骨盆腔内的位置触摸清楚，以便初步确定B超探头要放的位置。

(4) 在触摸子宫角和卵巢的位置时，要了解两侧子宫角和卵巢的发育变化，初步判定哪侧子宫角有变化或者卵巢比较饱满，确定B超探头应放在哪一侧子宫角处。B超探头进入直肠后放在要探查的子宫角一侧（子宫角小弯或大弯处），然后进行扫查得出图像判定结果。

2. B超的使用与管理

(1) B超的使用应指定专人负责，未经培训和考核合格的人员不能使用B超。如果擅自使用出现仪器故障，要承担相应的责任。

(2) 操作准备前，应当穿戴工作服、帽子。由于B超可能会在不同的奶牛场或不同奶牛间操作使用，为防止疫病传播，对于探头和连接线的部分要进行消毒。消毒和擦洗前，应关闭主机。应用灭菌棉布蘸70%酒精轻擦探头，不可将探头直接浸入酒精溶液中浸泡处理，更不能在含氯的洗涤剂中清洗。

(3) B超的使用应有相应的记录，及时总结并定期向技术部门提供B超检测的信息及结果，并及时反馈奶牛场（客户）。

(4) B超的操作环境温度要求在8～40℃。冬季太冷、夏季过热及过于潮湿的环境均不适合操作，尽量在牛舍内操作。在冬季必要时，可在挤奶厅简易保定后，在温度符合要求的条件下进行操作。操作前和操作完毕后，B超均应及时放置室内室温条件下。使用时，先打开电源开关，此时仪器指示灯为绿色，待B超电压稳定后再操作。尤其是环境温度较低时，开机后待图像显示稳定后再进行牛的检查操作。

(5) 在外界环境下操作最好有遮阳棚。因为光线太强导致屏幕反光，不容易观察图像。光线不强时，可适当调整B超的对比度来观察声像图。

(6) 操作时，最好不要在强的电磁场环境中。操作者以及助手的手机应全部关机，否则不但会影响B超图像的质量，还可能会导致设备产生故障。

（7）在牛场使用B超过程中注意要轻拿轻放，单人操作一定要把线缆连线挂在操作者的脖子上。在通过栏杆时小心，禁止探头的碰撞和跌落，否则会损坏探头。检查间歇时，探头应处于冻结状态。不用时，应安稳放在探头槽内，不得随便乱放。

（8）超声扫描启动检查过程中，按程序转换面板，禁止不按程序乱按操纵板的控制键。

（9）B超使用操作完毕，关闭电源，允许用水清洗的B超探头用水冲洗，然后用棉布擦干，最后放在专用B超箱内。

（10）B超充电电池使用时，注意不能过夜充电。在室温下，一般充电2～3小时。观察到专用充电器上指示灯由红色转为绿色时，充电完成，立即停止充电，否则会缩短电池使用寿命。禁止在电池上覆盖东西（例如被子）或在强光线高温下进行充电，以免充电过热缩短使用寿命。

（11）B超在运输过程中，要尽量平放并且使标识的正面朝上。在冬季和夏季，不能使B超在车上处于高温和过低温状态，应取出B超放在室内。

（12）在操作过程注意人畜安全，操作后把手和手臂等清洗干净，并进行消毒。注意自身防护和生物安全。

（13）以上使用要求及注意事项均以50s Tringa类型线阵或凸阵探头便携式B超仪的使用为准而制定。其他便携式B超仪的使用可适当参考，必要时应该结合该仪器设备的要求进行补充。

奶牛场B超妊娠检查初报见表3-6。

表3-6　奶牛场B超妊娠检查初报

检查日期：　　年　　月　　日

牛号	组别或牛舍	产犊日期	最后一次配种日期	B超检查日期	检查结果	空怀原因	治疗记录	备注	检查人

奶牛B超妊娠检查参照图3-5～图3-14。

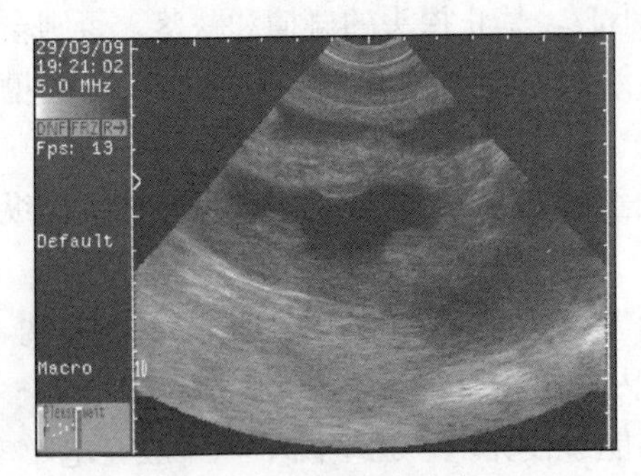

图 3-5　怀孕牛子叶

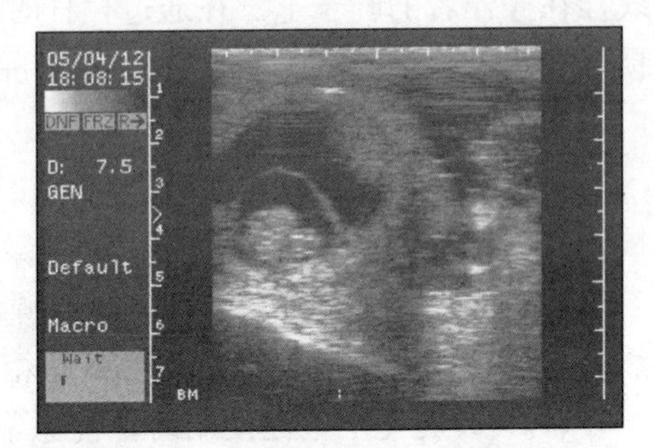

图 3-6　胎儿与胎膜（横切面）

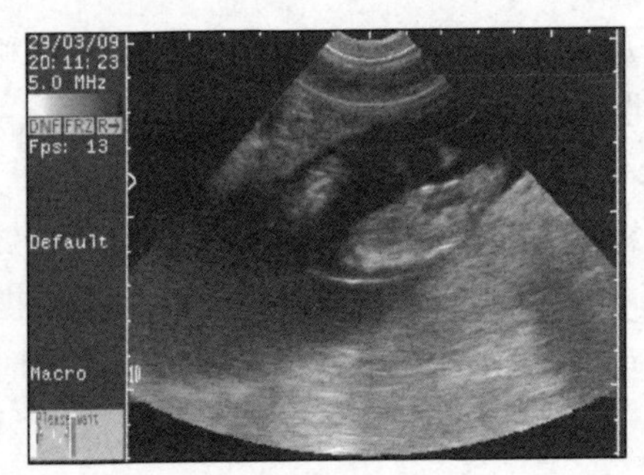

图 3-7　胎儿与胎膜（矢状切面）

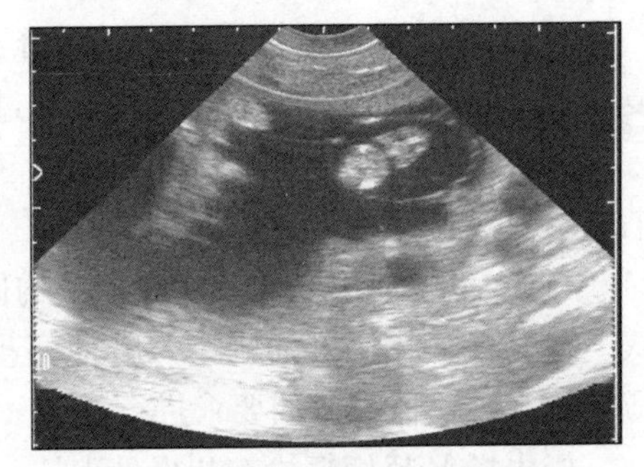

图 3-8　胎儿与胎膜（矢状切面）

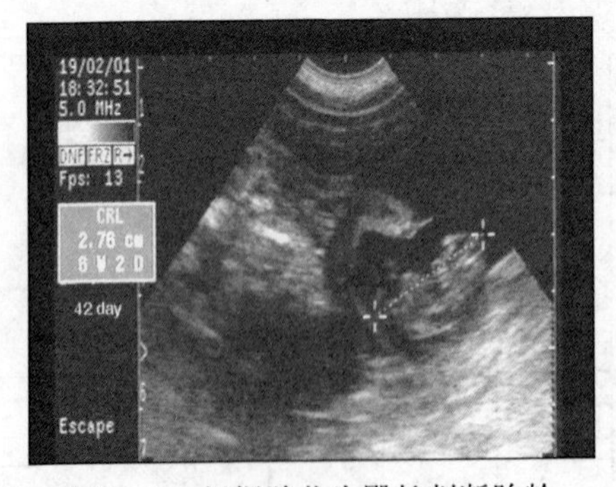

图 3-9　根据胎儿头臀长判断胎龄

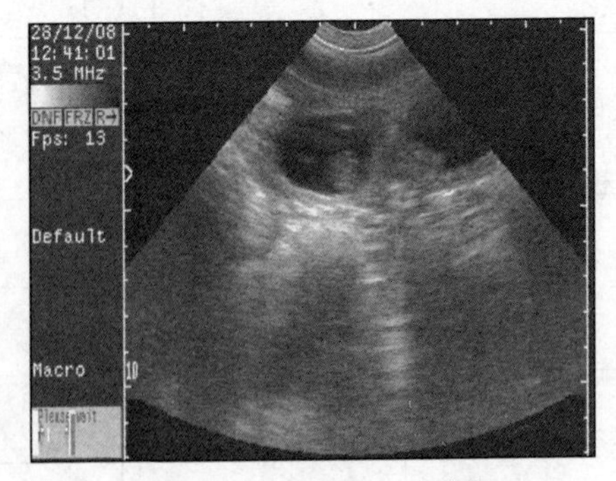

图 3-10　怀孕 40 天胎儿

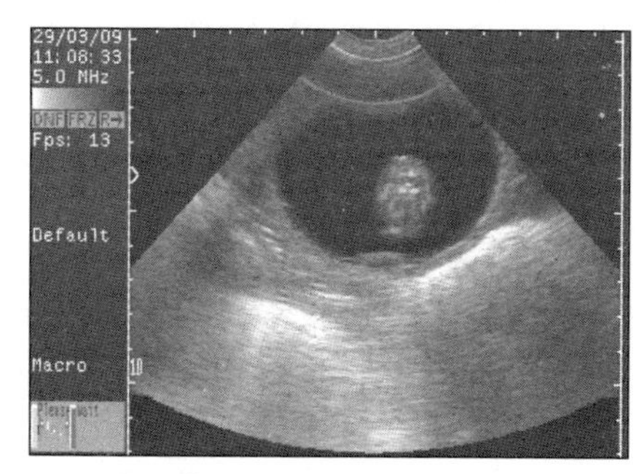

图 3-11　怀孕 50 天胎儿

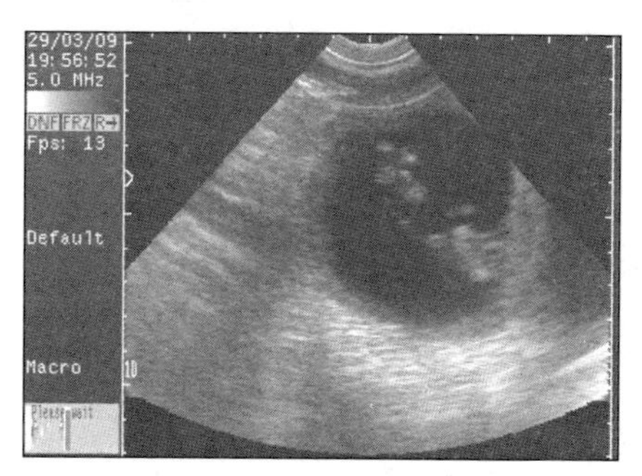

图 3-12　怀孕 57 天胎儿

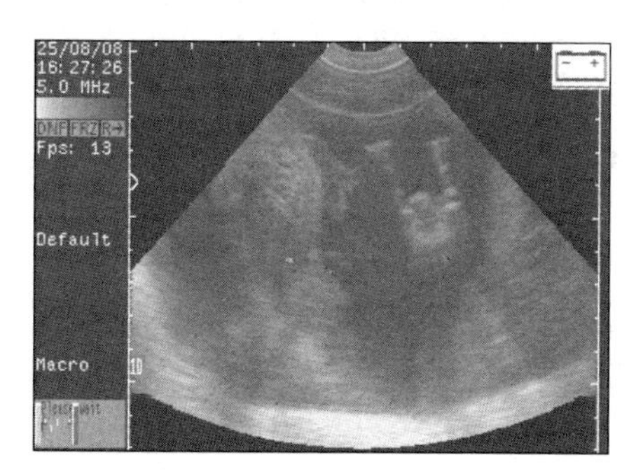

图 3-13　胎儿性别鉴定（公）

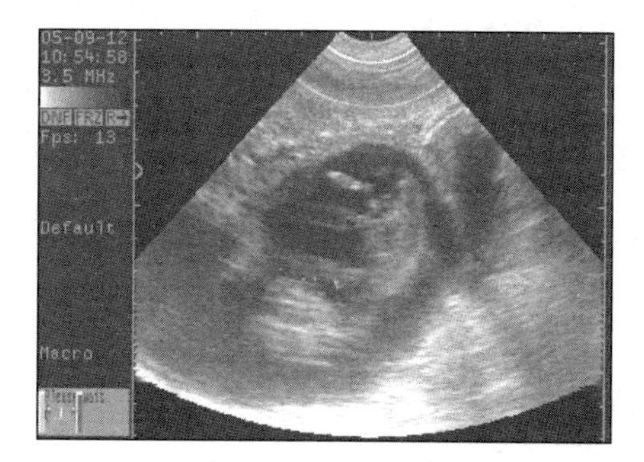

图 3-14　胎儿脐带

附录1　冷冻标号方法

永久性的标号是终生不会脱落的。

1　器具和材料

保定架，剪毛剪或刮须刀，刷毛刷，冷冻字号0～9共10个字（可以购买）。字用铜或铝合金制成，其规格：成年牛每个字大小为6厘米×10厘米，笔画宽1.2厘米、厚1厘米；育成牛每个字大小为3.5厘米×6厘米，笔画宽1厘米、厚1厘米。冷冻剂用液态氮，盛于液氮罐中，使用时倒入广口保温瓶中。尚需准备秒表或手表，棉或皮手套，脱脂棉和95%酒精。

2　操作方法

1.1　保定牛

自然站立，以保证字迹工整。避免用绳捆和其他强制办法造成惊恐。

1.2　部位选择

选左侧尻部、背、腰或肩部肌肉较肥厚平坦而容易观察的部位。如打在骨骼上，将影响效果。部位太靠下，则不易观察。要避开深、浅毛色交界处打号，最好选在深毛色部位，清晰可见。

1.3　剪毛

将打号部位的被毛用剪毛剪剪去或用刮须刀刮净。被毛短的也可以不剪毛，但必须将被毛中的污垢和尘土用毛刷刷净。

1.4　字号的冷冻

液态氮倒入容器内，并根据消耗情况不断增加。第一次使用的字号，需在液氮内浸3～5分钟。使用过的金属字号随即重复使用时，在液氮中浸透，沸腾停止就可再用。为了减少液氮的消耗，将重复使用的号编在一起，如2号、23号、32号。

1.5　打号技术

打号部位用95%酒精棉将被毛涂湿，用冻好的金属字号立即按在皮肤上（约10千克压力）。字号压在皮肤上用力要均匀，字面平整紧压。牛体如有移动，紧按字号随之移动防止错位，达到打号需要的时间方可取下。一个号打完后，再打第二个号。每个字所需冷冻时间见下表。

不同年龄段奶牛打号时字号所需冷冻时间

年龄（月）	冷冻时间（秒）
4～12	15

（续）

年龄（月）	冷冻时间（秒）
13～18	20
18 以上	30

注：如不剪毛或在白毛上打号（剪毛），各需延长 5 秒及 10 秒。

1.6 打号后字印变化

打号的部位出现凹进皮肤字印，手触发硬，呈冻僵现象。皮肤解冻后出现红肿，经 40 天左右，被毛随皮肤结痂而脱落，冷冻字号部位形成光秃伤疤。70 天左右开始在伤疤字印处长出白色白毛，形成与其他部位被毛长短相同的白毛字样，明显清晰，永不消失。白毛色打号部位因延长时间而致毛囊破坏，形成光秃字号，不再长毛。

附录2 奶牛繁殖障碍性疾病防治技术操作程序

在规模化奶牛场，奶牛产后子宫感染，引起子宫内膜炎等可导致奶牛屡配不孕、乏情等，是目前规模化奶牛场导致不孕的主要疾病之一。根据我们的研究结果、临床实践并结合他人临床经验，制定规模化奶牛场子宫炎的监测诊断程序以及防治措施，具体内容如下：

本操作程序的目标：早发现、早诊断、早治疗，减少产后早期子宫炎的发病率，提高治愈率，提高奶牛的受胎率。使子宫炎发病率控制在15%以内，使母牛尽早恢复正常的健康状况以及尽早发情。

1 奶牛繁殖障碍性疾病的预防

1.1 饲料与营养方面

1.1.1 保证干草每头牛最少4千克/天，最好用优质干草。湿啤酒糟喂量不得超过10千克/天，甜菜渣不得超过10千克/天。棉子饼要根据棉酚含量、脱毒工艺、饲喂时间来考虑喂量，一般棉子饼粕要占精料的5%～15%。必要时，在精料中添维生素AD_3E粉和硫酸亚铁0.1%（按预防量添加，与测定中的游离棉酚含量相当）。

1.1.2 在奶牛饲喂中力求饲料多样化，提供全价日粮，进行规范化饲养。具体要点如下：

（1）在精料中添加奶牛保健素或奶牛专用添加剂1%。

（2）饲料中的钙∶磷＝1.5～2∶1，新疆作为缺硒地区应另外补硒。

（3）干奶期和产后60天进行膘情评分（体况），一般干奶期膘情以三级偏上但不超过四级为宜，产后60天三级或三级偏下为宜。方法为BCS法。

（4）禁止饲喂霉败、变质、冰冻的饲料。

（5）不能长期大量地饲喂青贮，一般青贮喂量是每头牛每天不超过20千克。

1.1.3 使用TMR（全混合日粮），定期检测水分（应为45%～50%）。高产奶牛精料中的玉米可喂破粒的，最好是压片。在冬季和夏季，可以饲喂3次或以上，其他季节喂2～3次。

1.1.4 进行合理细致的分群

（1）根据其产奶量和健康状况来调整日粮中的成分配比。对于产奶量较低的牛，则降低其蛋白质与能量的摄入，避免奶牛过肥。

（2）严格按照分阶段饲养的原则，由专门的营养饲喂部门来调制奶牛大餐。

（3）日粮配制务必要采取奶牛的产奶量走势和繁殖机能变化相结合的原则，繁殖部门要向营养师提出利于奶牛繁殖健康的建议。

（4）泌乳早期的日粮蛋白浓度应控制在15%左右。健康的新产牛在新产圈停留30天后，可以转入高产牛群。

1.2 环境调控方面

饲养管理好的牧场牛舍内要保持清洁、干燥、通风良好。夏季做好防暑降温工作，冬季做好防寒保暖工作。还应注意饲养密度、地面防滑、饮水空间、饲槽表面光滑度、卧床大小、牛床垫料、挤奶厅大小、降温保暖措施等。

1.2.1 运动场要设食盐矿物质补饲槽、饮水槽。保证足够的新鲜、清洁饮水。每年至少要全面检查一次饮水的质量。饮用水要符合卫生质量要求，冬季不饮冰冻水。

1.2.2 做好冬季防寒、夏季防暑工作，使冬季舍温在0℃以上、夏季舍温在28℃以下。炎热时，可以在牛舍内安装吊扇、排气扇，饮用冷却水。在运动场，最好在采食区和饮水区设置凉棚。

1.2.3 奶牛要进行适当的运动，提供充足的阳光照射和新鲜空气，改善周围环境（如植树）。

1.2.4 运动场、牛舍要保持清洁卫生，粪便即时清除，做到及时排水。牛舍内要定期消毒。

1.2.5 对规模化奶牛场要设置产房，狠抓产房卫生消毒和饲养管理制度的落实。

1.2.6 设置卧床的牛场，有条件的可在卧床上铺橡胶垫或干牛粪，在橡胶垫上再铺垫草（稻草等），也可在卧床上铺沙土。牛粪卧床垫料一般铺设15～20厘米，铺平牛床。

在牛舍地面要设置防滑痕，对运动场不达标的增加运动场面积。

1.3 疫病防控方面

在做好重大动物传染病防控的前提下，对新疆规模化奶牛场而言，重点防控引起胚胎死亡的奶牛高发传染病主要有布鲁氏菌病、牛病毒性腹泻和传染性鼻气管炎。

1.4 奶牛繁殖保健方面

1.4.1 规范人工授精技术

1.4.2 建立详细的繁殖资料

建立牛只牛籍卡、档案册、分娩记录册、发情记录本、配种记录本、受孕和疾病记录本。

1.4.3 妊娠诊断

(1) 直肠检查：后备牛40～60天，经产牛2.5～3个月、5个月和7个月(即停奶之前)

(2) B超检查：配种30天、45天，其后再直肠检查。

1.4.4 产后保健

(1) 产后连续10天测量体温，有助于管理者及早发现奶牛病情。

(2) 提倡自然分娩。

(3) 助产时遵守助产原则，注意消毒。

(4) 认真做好产后子宫净化工作。

在奶牛产后0天、15天、30天、45天，定期对奶牛进行临床观察、直肠检查以及必要的B超检查→及时诊断卵巢、子宫疾病→有针对性地提出治疗措施→现场培训指导相关技术人员→监督落实→正确实施奶牛产后繁殖机能监控。

2 奶牛繁殖疾病的诊断与治疗

2.1 诊断用B超仪

50s型Tringa Vet便携式兽用线阵B超扫描仪，配备3.5/5.0MHz变频扇扫凸阵探头或5.0～7.5MHz线阵探头，荷兰Piemed ICAL公司生产，配备Ni-MH12V充电电池各1个，2215型NiCd/NiMH charger各1个，另外有配套的50s Tringa communication software version 1.0图像处理软件ODT-COmm和双向红外传输接口。

2.2 常用药物及器具的准备

常用生殖激素、抗生素；助产器、手术器械、止踢棒、保定绳、止血钳或小夹子、子宫洗涤器、奶牛子宫双腔冲洗管；长筒胶靴、连体服、一次性塑料长臂手套；标记奶牛用红色喷漆，发情鉴定观察用的标记蜡笔（白天）和荧光蜡笔（晚上），记录本和记录夹板，不同颜色记录笔；冰箱、电子天平、高压蒸汽灭菌锅、烘干箱；一次性塑料注射器、移液器及枪头。

2.3 奶牛卵巢疾病B超诊断的操作方法

使用颈枷对奶牛进行普通保定。B超扫查前排除直肠内宿粪，初步判断两侧卵巢的位置。探头上涂抹超声耦合剂后送入直肠，至骨盆入口前后向下呈45°～90°进行扫查。用手指将卵巢略微固定，然后将探头轻靠在一侧卵巢上方，对卵巢进行扫描，观察实时图像。当显示出卵泡或黄体的最大直径切面图像后，按下冻结键。通过B超仪内置电子标尺对卵泡或黄体直径等指标进行测量，并保存图像，然后将超声图像转存到电脑上备用。

凸阵探头操作示意图见附图1，线阵探头操作示意图见附图2。

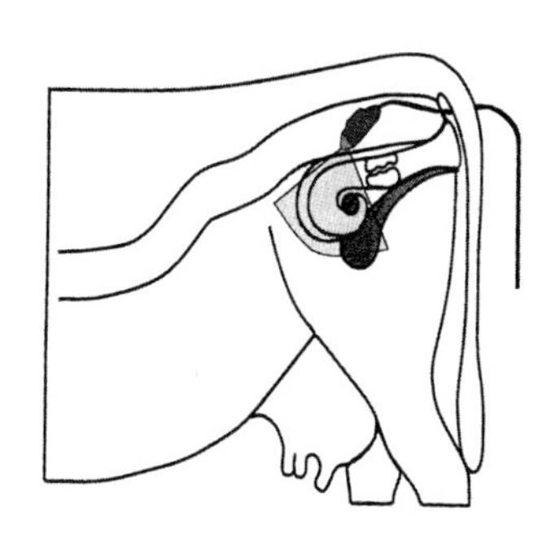

附图1 凸阵探头操作示意图

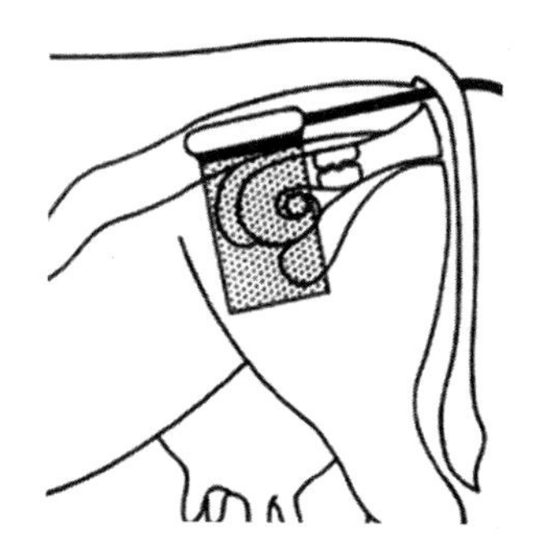

附图2 线阵探头操作示意图

2.4 常见奶牛繁殖障碍性疾病的诊断与治疗

2.4.1 奶牛卵巢囊肿

奶牛卵巢囊肿分为卵泡囊肿和黄体囊肿。

2.4.1.1 奶牛卵泡囊肿和黄体囊肿的诊断

在调查病史和分析奶牛场奶牛繁殖产犊、配种记录等资料的基础上，通过临床症状观察、产科检查、B超影像检查进行诊断，其要点如下：

（1）临床症状。表现为频繁或持续发情或者不发情，部分发病时间长的奶牛尾根高抬（附图3），尾根与坐骨结节之间出现深的凹陷，阴门排出黏液。

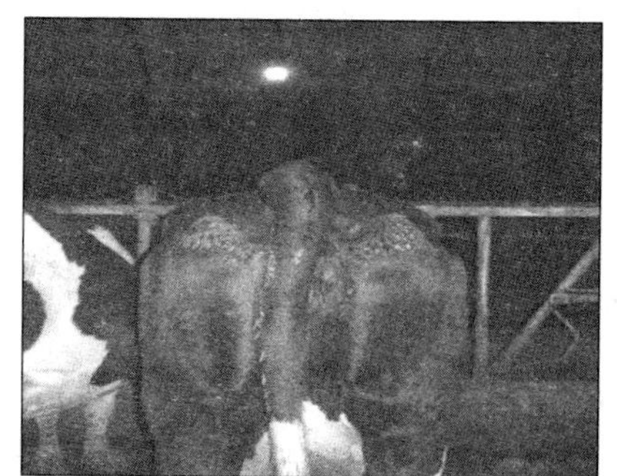

附图3 尾根高抬（长期卵泡囊肿奶牛）

（2）直肠检查。囊肿卵泡壁较薄，呈单个或多个存在于一侧或两侧卵巢上，卵泡有波动感。多次直肠检查发现囊肿交替发育或者大卵泡持续存在，但不排卵，子宫角松软不收缩。

（3）B超检查。在同一卵巢相同部位上持续10天以上，声像图表现为圆形或卵圆形规则的无回声液性暗区，暗区直径明显大于成熟卵泡，存在1个或多个直径超过25毫米的大卵泡，囊肿壁厚度小于3毫米。黄体囊肿壁呈现为高强回声的光环或光带，壁厚大于3毫米，并且黄体囊肿组织的边界不如卵泡囊肿的边界规则（附图4）。

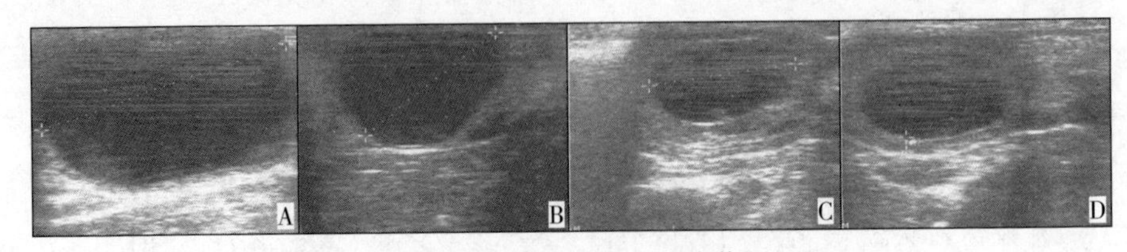

附图 4　卵巢囊肿的 B 超声像图

A：直径 61.1 毫米的卵泡囊肿声像图　B：直径 39 毫米的卵泡囊肿声像图

C、D：直径 34.1 毫米、壁厚 3.9 毫米的黄体囊肿声像图

附图 3 中 A、B 分别为某牧场 6217 号奶牛和 0586 号奶牛卵泡囊肿的 B 超声像图。声像图显示，囊肿卵泡为无回声液性暗区，卵泡直径大于正常卵泡直径，卵泡内为一圆形无回声液性暗区，卵泡壁较薄，厚度小于 3 毫米，边界整齐而光滑。

附图 3 中 C、D 为某牛场 8125 号奶牛黄体囊肿的 B 超声像图。声像图显示，卵巢表面回声光滑，囊内出现液体暗区，内部可见棉纱样回声或形态不规则的光团，内壁不光滑，出现低淡光点，外层回声较强，囊肿壁厚度大于 3 毫米。

2.4.1.2　奶牛卵泡囊肿的治疗

（1）以激素为主的综合治疗方案。

维生素 AD_3E＋LRH－A_3→PG→配后保胎：注射 LRH－A_3 100 微克，同时注射维生素 AD_3E 10 毫升记为 0 天，间隔 9 天注射 PG 2 支（0.4 毫克），之后观察发情并配种，配后保胎。

HCG→PG→配后保胎：注射 HCG 1 万～2 万国际单位（10～20 支），同时注射维生素 AD_3E 10 毫升记为 0 天，间隔 12 天注射 PG 2 支（0.4 毫克），之后观察发情并配种，配后保胎。

肌肉注射激素可以用 LRH－A_3 4 支（100 微克）或者 HCG 1 万～2 万国际单位。

（2）中药治疗。应用理囊散（主要由女贞子、熟地黄、附子、三棱、藿香、香附、甘草、青皮等 12 味中药组成），口服，每天 1 次，每次 400 克，连续灌服 5 天。一般 1～2 个疗程。

（3）注意事项。通过激素或中药治疗，大部分牛在 40 天内恢复发情。如果中药结合激素治疗效果更佳，两者结合使用会缩短疗程。

2.4.1.3　奶牛黄体囊肿的治疗

主要用氯前列烯醇，用 3～5 支（0.6～1 毫克）进行肌肉注射，同时注射

维生素 AD_3E 10毫升，伴发子宫炎的同步进行治疗。

2.4.2 奶牛持久黄体

2.4.2.1 奶牛持久黄体的诊断

在调查病史和分析奶牛场奶牛繁殖产犊、配种记录等资料的基础上，通过临床症状观察、产科检查、B超影像检查进行诊断，其要点如下：

（1）临床症状。产后长期不发情或产后只发情1～2次，以后长期不出现发情。

（2）直肠检查。发现一侧（有时为两侧）卵巢上的黄体部分突出于卵巢表面，有弹性肉质感。有的黄体呈蘑菇状，间隔7～10天，经2次检查，在卵巢的同一部位可以摸到同样大小的黄体。

（3）B超检查。在同一卵巢部位上黄体存在7～10天或更长时间，显示声像图与周围组织轮廓清楚，黄体呈不均匀较强回声（附图5）。

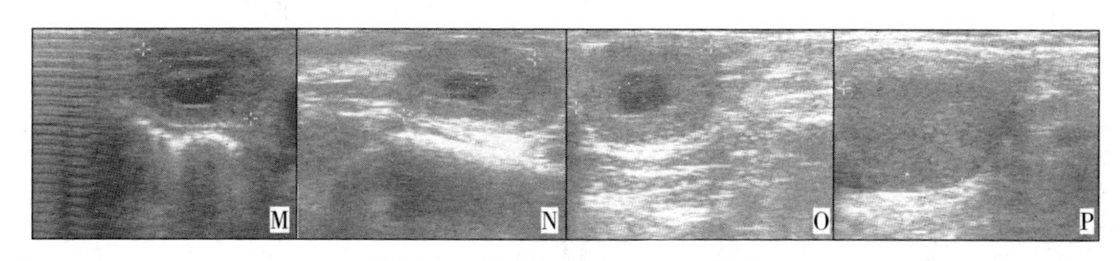

附图5　持久黄体的B超声像图

M～P：直径30毫米、32.9毫米、35.2毫米、36.5毫米的持久黄体声像图

附图5中M～O分别为某牛场S08199、S07117、100180号奶牛有腔黄体的B超声像图，超声图像特征为无回声和周边有环状带的中等或低回声的均匀结构，类似不规则轮状结构，与卵巢基质界限明显、轮廓清晰；附图5中P为某牧场5372号奶牛持久黄体的B超声像图，图像显示实质性黄体，超声图像特征显示不均匀较强回声，与卵巢基质界限明显、轮廓清晰。本研究中持久黄体奶牛测量黄体的直径范围是20.5～47.3毫米。

2.4.2.2 奶牛持久黄体的治疗

（1）以激素为主的综合治疗方案。

维生素 AD_3E＋PG→配后保胎：对诊断出持久黄体的奶牛注射PG2支（0.4毫克），同时注射维生素 AD_3E 10毫升，之后观察发情并配种，配后保胎。

（2）中药治疗。应用促孕散（主要由淫羊藿、阳起石、菟丝子、枸杞子、益母草、当归、赤芍等9味中药组成），口服，每天1次，每次400克，连续口服5天为一个疗程。一般1～2个疗程。

(3) 注意事项。通过激素治疗，大部分牛在2～7天内恢复发情。通过中药治疗，大部分牛在30天内恢复发情。如果中药结合激素治疗效果更佳，两者结合使用会缩短疗程。

2.4.3 奶牛排卵延迟

2.4.3.1 奶牛排卵延迟的诊断

在调查病史和分析奶牛场奶牛繁殖产犊、配种记录等资料的基础上，通过临床症状观察、产科检查、B超影像检查进行诊断，其要点如下：

(1) 临床症状。外表发情症状和正常发情一样，但发情的持续期延长。查阅繁殖记录时会发现，其多次正常发情和人工授精但均未妊娠。

(2) 直肠检查。发情期检查卵巢和子宫无明显的疾患，卵巢上有卵泡存在，大小正常，人工授精后次日检查成熟卵泡未排卵。

(3) B超检查。人工授精后次日在同一卵巢部位成熟卵泡大小和位置基本未发生变化，声像图显示低回声液性暗区（附图6）。

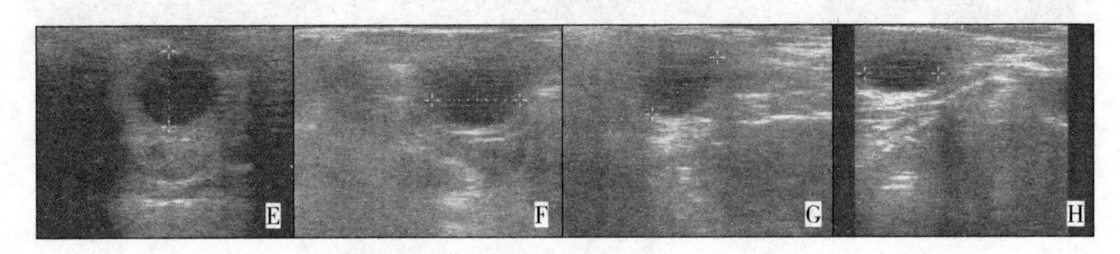

附图6 排卵延迟的B超声像图

E～H：直径为18.9毫米、20毫米、20.8毫米、22.7毫米的卵泡声像图

附图6中E～H为某牧场6002号、1003号奶牛、080024号、03207号奶牛排卵延迟的B超声像图，声像图特征显示卵泡壁呈强回声，边界清晰、光滑，卵泡呈低回声液性暗区。本研究中排卵延迟奶牛卵泡的直径范围为15.5～22.7毫米。

2.4.3.2 奶牛排卵延迟的治疗

(1) 以激素为主的综合治疗方案。LRH-A_3+维生素AD_3E→配后保胎：对诊断出排卵延迟的奶牛，下一次发情配种的同时注射LRH-A_3 1支（25微克）和维生素AD_3E 10毫升，配后保胎。

(2) 中药治疗。应用理囊散，口服给药，每天1次，每次400克，连续口服5天为一个疗程。一般1～2个疗程。

(3) 注意事项。通过激素治疗，大部分牛在20天内恢复正常发情排卵；通过中药治疗，大部分牛在30天内恢复正常发情排卵。如果中药结合激素治疗效果更佳，两者结合使用会缩短疗程。

2.4.4 奶牛卵巢静止

2.4.4.1 奶牛卵巢静止的诊断

在调查病史和分析奶牛场奶牛繁殖产犊、配种记录等资料的基础上，通过临床症状观察、产科检查、B超影像检查进行诊断，其要点如下：

(1) 临床症状。奶牛体况差，长期不发情或发情不明显，有的虽然发情明显但不排卵表现为无发情周期。

(2) 直肠检查。卵巢形状和质地无明显变化，也触摸不到卵泡或者黄体，有时可能在一侧卵巢上感觉到很小的黄体残迹。卵巢体积显著变小。

(3) B超检查。B超内部存在均匀的低强度回声或均匀的点状无回声暗区，未见成熟的卵泡及黄体，间隔5～7天复查无明显的变化（附图7）。

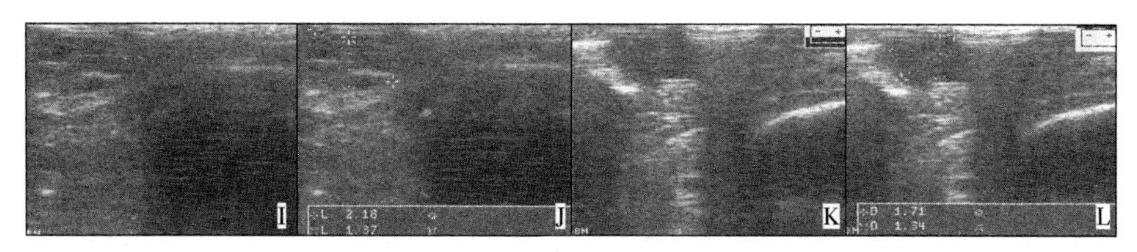

附图7 卵巢静止的B超声像图

I：左侧卵巢静止的声像图 J：左侧卵巢长21.8毫米、宽13.7毫米的声像图

K：右侧卵巢静止的声像图 L：右侧卵巢长17.1毫米、宽13.4毫米的声像图

附图7中I～L为某牛场090125号奶牛左右两侧卵巢静止的B超声像图。声像图显示，卵巢内部成较低强度回声，卵泡很小、无黄体，卵巢的长和宽测量结果明显低于正常卵巢，因此表明卵巢呈静止状态。

2.4.4.2 奶牛卵巢静止的治疗

(1) 以激素为主的综合治疗方案。

维生素AD_3E+LRH-A_3→PG→配后保胎：对诊断出卵巢静止的奶牛注射LRH-$A_3$2支（50微克）和维生素AD_3E 10毫升记为0天，间隔9天注射PG2支（0.4毫克），之后观察发情并配种，配后保胎。

维生素AD_3E+HCG→PG→配后保胎：对诊断出卵巢静止的奶牛注射HCG4支4 000国际单位和维生素AD_3E 10毫升记为0天，间隔9天注射PG 2支（0.4毫克），之后观察发情并配种，配后保胎。

(2) 中药治疗。应用促孕散，口服给药，每天1次，每次400克，连续口服5天为一个疗程。一般1～2个疗程。

(3) 注意事项。通过激素治疗，大部分牛在30天内恢复正常发情；通过中药治疗，大部分牛在40天内恢复正常发情。如果中药结合激素治疗效果更佳，两者结合使用会缩短疗程。

2.4.5　奶牛子宫炎

2.4.5.1　奶牛产后子宫炎的监测

目前，奶牛产后子宫炎的监测主要是临床症状监测、直肠检查、阴道检查、B超监测等方法。

(1) 临床症状监测。患牛表现为频频拱背、努责，从阴门流出少量黏液或黏液脓性分泌物，感染严重的排出分泌物恶臭，其卧下时排出更多，部分患牛体温升高，精神沉郁，食欲及产奶量下降明显。具体评判标准如附表1和附图8所示。

附表1　奶牛子宫炎判定标准

评分	子宫分泌物状态	是否发烧	处理意见
0	清澈半透明，不排出，无异味	否	健康
1	有清澈黏液但包含小片斑点状脓，无异味	否	健康
2	≤50%的白色或黄白色脓，有异味	否	中等子宫炎，需要治疗
3	>50%的白色、黄白色或血染的脓液，有恶臭	是	中等子宫炎，需要治疗
4	流出红棕色分泌物，有恶臭	是	严重子宫炎，需要治疗

引自：Sheldon I M，Lewis g，LeBlanc S，et al. defining postpartum uterine disease indairy cattle [J]. Theriogenology，2006，65：1516-1530.

(2) 直肠检查。子宫炎奶牛的子宫角较正常产后期大，子宫角壁也较厚。直肠检查虽然容易引起患牛不安和持续性努责，但可对子宫角的大小和张力进行比较，检测到一次或者两次的液体，主观评估在子宫复位时的大小、位置以及张力是否正常。

(3) 阴道检查。阴道检查是一种常用的诊断奶牛子宫炎的方法。其主要是使用阴道开张器或内窥镜来观察阴道内是否存在脓性物质及评估脓性物质的量。用 Metricheck 诊断工具（附图9）来诊断子宫内膜炎，可提高其检出率，并且操作方便。

(4) B超监测。

子宫内聚积的液体：经直肠的B超检查，主要是通过子宫内聚积的液体来辅助诊断子宫内膜炎。应用B超对生殖道评分，可用来判断奶牛产后的恢复状况（附表2）。

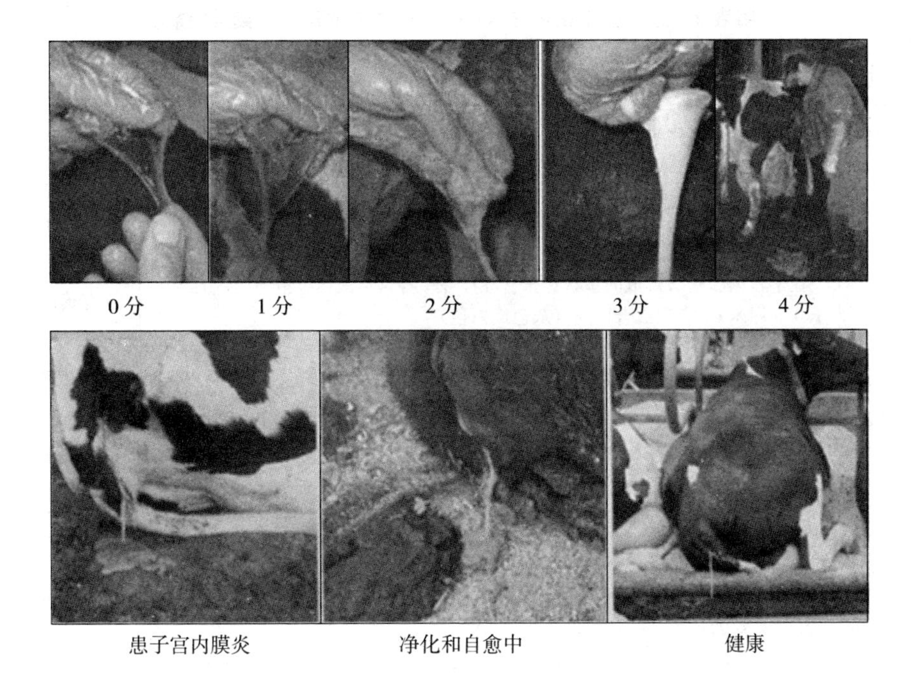

附图 8　奶牛子宫炎判定标准

引自：Sheldon I M，Lewis G，LeBlanc S，et al. gEfining postpartum uterine disease in dairy cattle [J] . Theriogenology，2006，65：1516-1530.

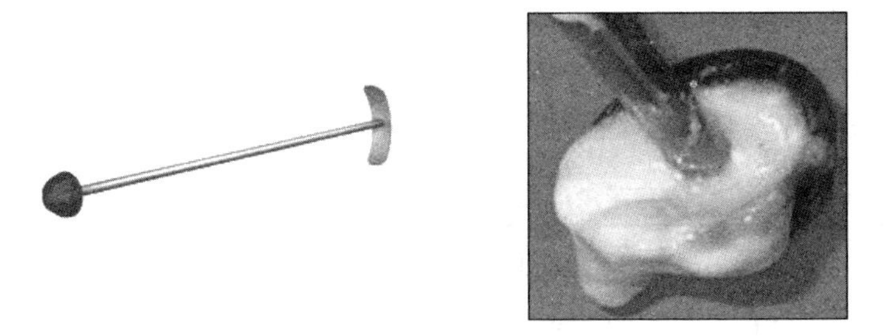

附图 9　Metricheck 诊断子宫炎

引自：Mcdougall S，Macaulay R，Compton C. Association between endometritis diagnosis using a novel intravaginal device and reproductive performance in dairy cattle [J] . Animal Reproduction Science，2007，99 (1)：9-23.

附表 2　超声生殖道评分（URTS）系统子宫和卵巢的特点

评分	子　宫	卵巢
1分	没有液体或有少量黑色液体暗区，子宫内膜向内夹闭形成车轮轮辐状狭窄的内腔	有黄体
2分	在子宫内膜向内夹闭形成的车轮轮辐状狭窄内腔和扩大的中央存在少量液体（液体暗区直径大于0.2厘米），表现混合回声（灰色或白色）	有黄体
3分	在子宫内膜褶皱形成的星状扩张管腔存在中等含量液体（液体暗区直径大于0.5厘米），表现混合回声（灰色或白色）	有黄体
4分	在车轮轮辐状或星状管腔中心存在少量或中等含量液体（液体暗区直径大于0.2厘米），表现混合回声（灰色或白色）	无黄体
5分	子宫内膜不向内夹闭而是形成一个圆形的腔，含大量液体（＞1厘米），表现高强度的混合回声（灰），子宫壁的厚度发生改变，子宫系膜血管扩张	有黄体
6分	没有液体，子宫内膜向内夹闭形成车轮轮辐状狭窄内腔	无黄体

引自：Mee J F，Buckley F，Ryan D，et al. Pre-breeding Ovaro-Uterine UltrasonograpHy and its Relationship with First Service Pregnancy Rate in Seasonal-Calving dairy Herds [J]. Reproduction in domestic Animals，2009，44 (2)：331-337。

评分1，排卵和已完成子宫复旧；评分2，排卵和轻度子宫内膜炎；评分3，排卵和中度子宫内膜炎；评分4，无排卵和中度的子宫内膜炎；评分5，排卵和子宫积脓；评分6，无排卵和子宫复旧完成。

子宫超声测量的相关指标：主要是应用B超测量子宫角和子宫颈直径作为评分指标，同时对子宫内容物进行评分。LeBlanc et al.（2002）研究发现，产后20天时，排出脓性分泌物或者子宫颈直径大于7.5厘米判定为临床型子宫炎；分娩21天后，直肠检查发现子宫角直径＞8厘米或子宫颈直径＞7厘米。具体评分标准如附表3所示。

附表 3　奶牛子宫内膜炎严重程度的评分系统（适用于产后21天之后）

指　标			分值
阴道排泄物	气味	恶臭	3
		无气味	0
	性状	血性	3
		＞50毫升脓汁	3
		＜50毫升脓汁	2
		斑点	1
		正常	0

（续）

指　　标				分值
最大子宫角的外径	妊娠	初产	经产	
	大	＞5.5 厘米	＞6.0 厘米	
	适中	3.5～5.5 厘米	4.0～6.0 厘米	1
	正常	＜3.5 厘米	＜4.0 厘米	0
子宫颈外径	妊娠	初产	经产	
	大	＞7.0 厘米	＞7.5 厘米	2
	适中	4.5～7.0 厘米	5.0～7.5 厘米	1
	正常	＜4.5 厘米	＜5.0 厘米	0
根据总分进行临床评价				
严重				8～10
中度				4～7
轻度				1～3
正常				0

引自：Andrew A H，Blowey R W，Boy D H，et al. 牛病学—疾病与管理［M］. 第 2 版. 韩博，苏敬良，吴培福，等，译. 北京：中国农业大学出版社，2006.

2.4.5.2　临床型奶牛子宫炎的诊断

目前主要是应用临床症状、直肠检查、阴道检查、B 超检查进行诊断，其要点如下：

（1）临床症状。临床上观察阴门排出脓性分泌物，根据奶牛子宫炎判定标准，评分≥2 的奶牛诊断为子宫内膜炎。由于产后早期牛发烧的主要原因是子宫炎，应该用电子体温计检测体温。

（2）直肠检查。直肠检查时发现子宫角较正常产后期显著增大，子宫复旧延迟，子宫角壁也较厚，子宫内存在液体。

（3）阴道检查。翻开阴门观察黏膜的颜色和附着的分泌物。用消毒润滑的阴道开张器或阴道内窥镜开张阴道后，观察子宫颈口和阴道前部是否存留脓性分泌物。如果有脓性分泌物，则与子宫感染有关。

（4）B 超检查。

①正常子宫：B 超声像图见附图 10。

②子宫内膜炎。

轻度子宫内膜炎：使用 B 超可以探查出奶牛子宫内膜炎的炎性病灶和液

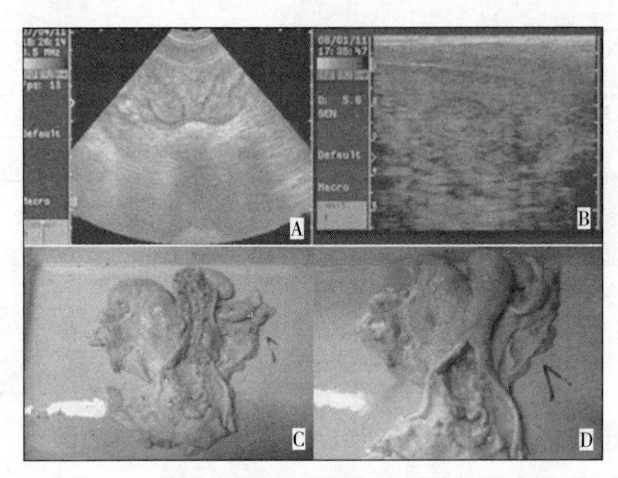

附图10　正常子宫

A：正常闭合子宫横切面声像图　B：正常闭合子宫纵切面声像图

C、D：正常子宫切开剖面图

性分泌物。炎性病灶在声像图上表现为散在分布的等回声亮点，有的在子宫腔内局部密集，类似光斑。子宫有轻度扩张，子宫内分布有的为少量细线型白色回声光点。部分奶牛屠宰后的子宫解剖发现子宫角增大，子宫壁肥厚质软，弹性降低，切开子宫角会发现少量的脓性分泌物（附图11）。

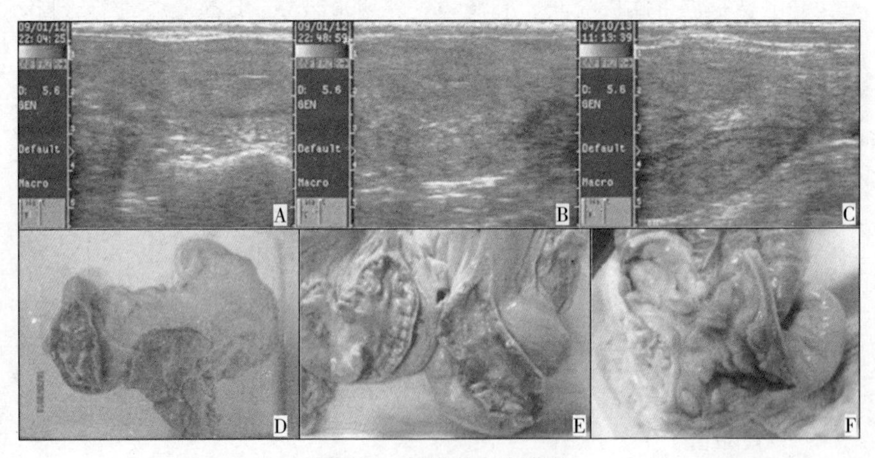

附图11　轻度子宫内膜炎

A、B、C：轻度子宫内膜炎声像图　D、E、F：轻度子宫内膜炎子宫剖面图

慢性子宫内膜炎：子宫处于开张状态，但与正常子宫大小差别不明显。声

像图显示，子宫腔内大部分呈液性暗区，增厚黏膜轮廓清晰（附图12），呈现中等回声。炎性分泌物密度较均匀，子宫明显变厚，但子宫内炎性分泌物量不大。因此，直肠检查容易误诊，通过B超探查可以确诊。

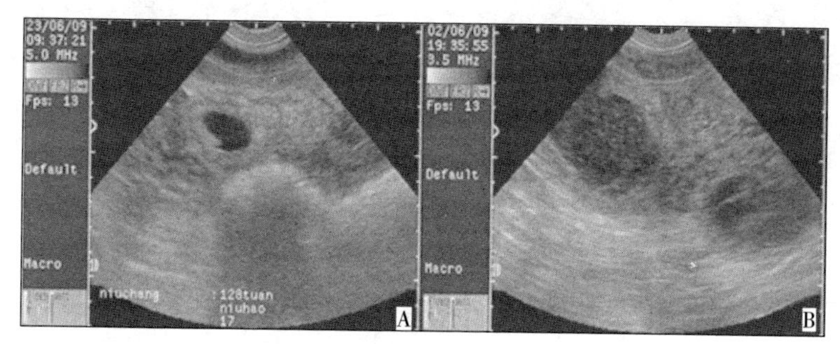

附图12　慢性子宫内膜炎

A：奶牛子宫炎使内膜增厚　B：奶牛子宫腔内有炎性分泌物

临床子宫内膜炎伴发持久黄体：持久黄体是指黄体在同一卵巢部位上存在7～10天或更长时间，其声像图特征为无回声和周边有环状带的中等或低回声的均匀结构，类似不规则轮状结构，与卵巢基质界限明显，轮廓清晰，有些表现为有腔黄体。部分奶牛屠宰后的子宫解剖除发现与子宫内膜炎相同的现象外，还可见到卵巢上有有腔黄体或者为无腔黄体（附图13）。

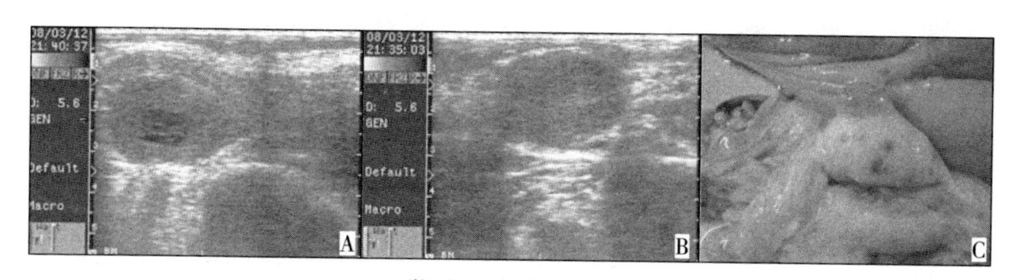

附图13　持久黄体

A：有腔持久黄体声像图　B：无腔持久黄体声像图　C：持久黄体卵巢解剖图

临床子宫内膜炎伴发黄体囊肿：黄体囊肿为卵泡排卵后部分黄体化，由卵泡内壁异常增生出网状强回声的并带液体腔的回声结构。黄体囊肿的液体腔通常会出现一些薄而亮的白线，即小梁，超声影像为线状强回声，有时是单一的一条白线，有时是交织的网状结构。黄体囊肿壁边缘光滑、轮廓清晰，呈现为高强回声的光环或光带，囊肿壁厚度大于3毫米。囊内液体腔显现出液体暗区，内部可见棉纱样回声或形态不规则的光团，内壁不光滑，出现低淡光点，外层回声较强。部分奶牛屠宰后的子宫解剖除发现与轻度子宫内膜炎相同的现象外，还可见到卵巢上有较大黄体（达到5.6厘米，见附图14B），切开黄体内为淡黄色液体，可见其壁较厚。

附图14　黄体囊肿

A：黄体囊肿壁厚0.55厘米　直径大于2.5厘米　B：黄体囊肿的卵巢解剖图
C：切开囊肿，排出囊肿内液体的卵巢解剖图

子宫内膜炎伴发卵巢静止：卵巢静止是指间隔5～7天复查卵巢无明显变化的情况，其B超声像图为均匀的低强度回声或均匀的点状无回声暗区，未见明显成熟的卵泡及黄体影像，卵巢长和宽（长×宽：1.74厘米×0.79厘米，见附图15A；长×宽：1.89厘米×1.21厘米比正常的小，见附图15B）。部分奶牛屠宰后的子宫解剖除发现与子宫内膜炎相同的现象外，还会发现两卵巢较小、质地硬，卵巢上无明显正在发育的卵泡或黄体。

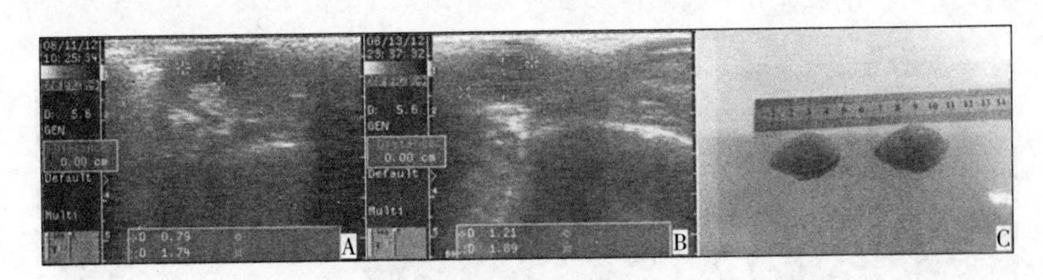

附图15　卵巢静止

A、B：卵巢静止的B超声像图　C：卵巢静止的解剖图

③严重临床型子宫炎。子宫外壁与周边组织形成粘连，子宫壁明显增厚。子宫内有分布较多的细线型白色回声光点，有时可见部分少量不规则强弱不等的无回声暗区。分泌物表现为带状或无回声暗影。子宫角壁轮廓清晰，内缘不规整，内径增大，内为液性暗区；边缘不整，子宫或卵巢等有时与周边组织形成粘连。子宫炎有时伴有子宫内积液、积脓或肿胀形成的液性无回声暗区存在，部分子宫内膜炎子宫变化不显著，不易探查诊断。部分奶牛屠宰后的子宫解剖发现子宫角明显增粗，子宫壁肥厚质软，弹性降低。子宫颈部阴道充血、潮红、肿胀，有脓性分泌物潴留。切开子宫可见黏稠、灰白色或黄褐色分泌

物，恶臭。有些子宫内膜已经坏死变黑，部分奶牛卵巢一侧（附图16D）或两侧性卵巢粘连。

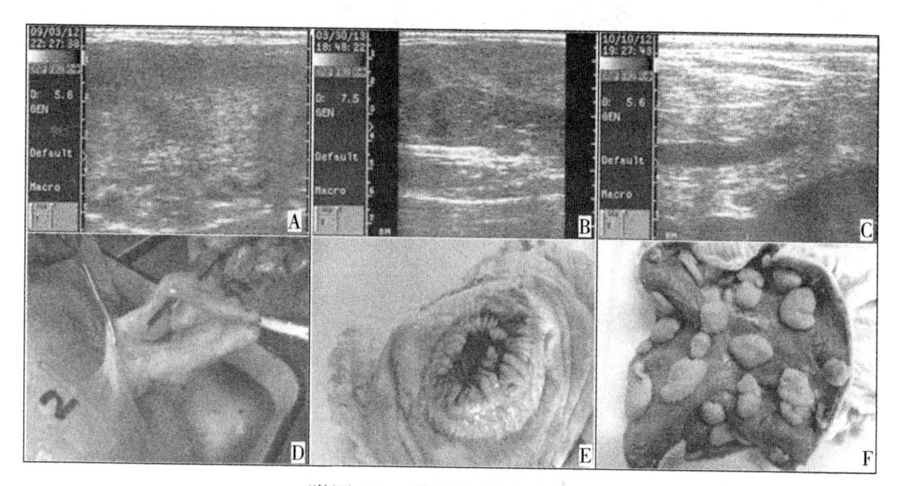

附图16　严重临床型子宫炎

A、B、C：严重临床型子宫炎声像图　D：单侧卵巢粘连
E：子宫颈外口　F：子宫内清洗后子宫阜、黏膜和子宫壁

④子宫蓄脓。子宫蓄脓病例的子宫呈球形或纺锤形增大，子宫壁增厚，边界回声不完整，子宫扩张。随着提拉子宫，其内液体的流动中有广泛的不规则强弱不等回声，细线型白色回声光点、光带增多并移动。宫腔内呈液性，表现为中等强度回声灰影，其间弥散性分布大量高回声光点或低回声黑斑。奶牛的子宫积脓大多发生于产后早期，常继发于产科疾病，如难产、胎衣不下及子宫炎。部分奶牛屠宰后的子宫解剖发现，子宫颈、阴道黏膜充血，积有脓性分泌物，子宫增大，两子宫角对称，内有液体，子宫壁变厚、迟缓或薄厚不匀，弹性小。当脓汁多时，子宫扩张，具波动感。切开子宫角会见具恶臭的脓性分泌物，部分奶牛卵巢上有持久黄体（附图17）。

⑤子宫积液。子宫内液性分泌物表现为带状或团状无回声暗影。子宫腔内表现为不规则、区域不等的液性暗区，其间弥散性分布一些低回声黑斑，有时暗区内有很少的线状或颗粒状强回声（附图18）。

2.4.5.3　隐性子宫炎的诊断

2.4.5.3.1　子宫充盈B超探查法

操作步骤：

(1) 排出奶牛直肠内粪便，使用0.1%高锰酸钾稀溶液清洗外阴部，然后

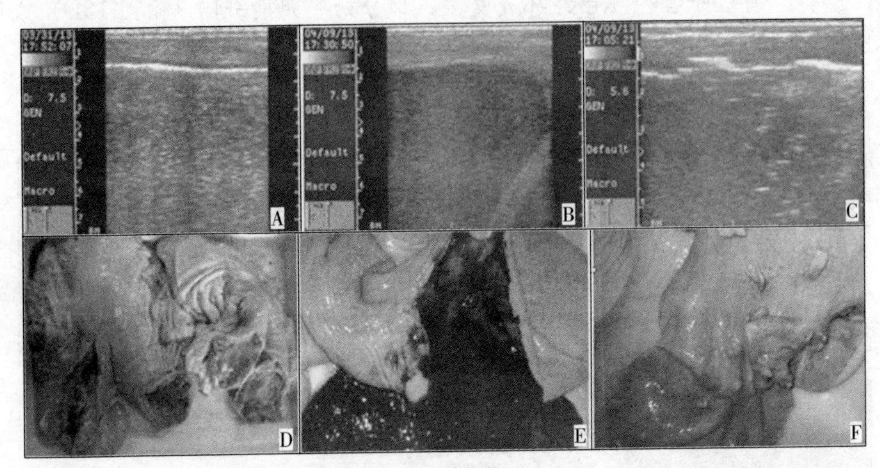

附图 17　子宫蓄脓

A、B、C：子宫蓄脓声像图　D：右侧子宫角厚 2.3 厘米，左侧子宫角厚 1.1 厘米，脓液呈黄绿色
E：子宫壁厚 0.5 厘米，内有酱油色浓稠黏液，是胎衣不下造成的胎衣腐烂在子宫里
F：子宫内壁充血严重

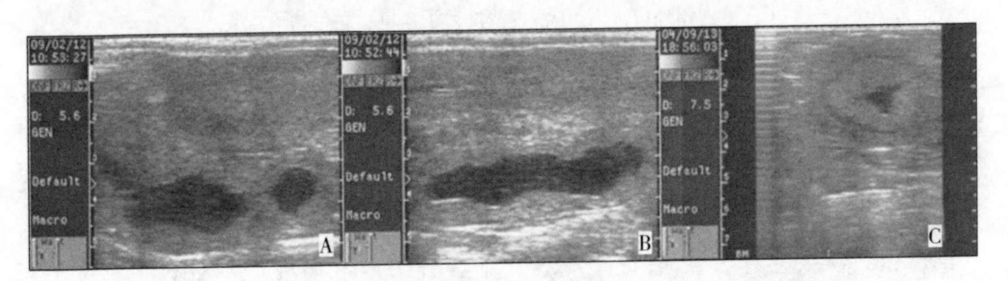

附图 18　子宫积液

A、B：子宫积液子宫纵切面声像图　C：子宫积液子宫横切面声像图

用一次性卫生纸擦干净。

（2）对于子宫颈较细和子宫颈开张较差的奶牛，由助手分开外阴将子宫颈扩张棒直接插入阴道（避免污染），采用直肠把握法，用子宫颈扩张棒扩开子宫颈，然后退出。

（3）助手将子宫双腔冲洗管先用无菌生理盐水内外冲洗一遍，并检查气球是否完好后装入钢芯。

（4）采用直肠把握法将子宫双腔冲洗管插入阴道，通过子宫颈将子宫双腔冲洗管插到角间沟时，由直肠内的手引导，将子宫双腔冲洗管插入须冲洗的一侧子宫角（左或右）。当到达子宫角弯曲部位时，将钢芯退出约 3 厘米，并把子宫双腔冲洗管继续向前推进，直到子宫双腔冲洗管前端到达子宫角深部。助手从进气孔用注射器注入15～25毫升（根据子宫角大小确定）空气。固定并堵住子宫角内腔，关闭进气孔后，将钢芯取出。

（5）先关闭出液管，打开进液管开关，用注射器吸取无菌生理盐水，每次约50毫升，从子宫双腔冲洗管口推入子宫角，直至该侧子宫角充盈，关闭进液开关。

（6）把准备好的探头送入直肠，至骨盆入口前后向下呈45°～90°进行扫查。B超探头紧贴子宫进行扫描，观察实时图像，并及时冻结保存图像，然后将图像转移到电脑上备用（附图19）。

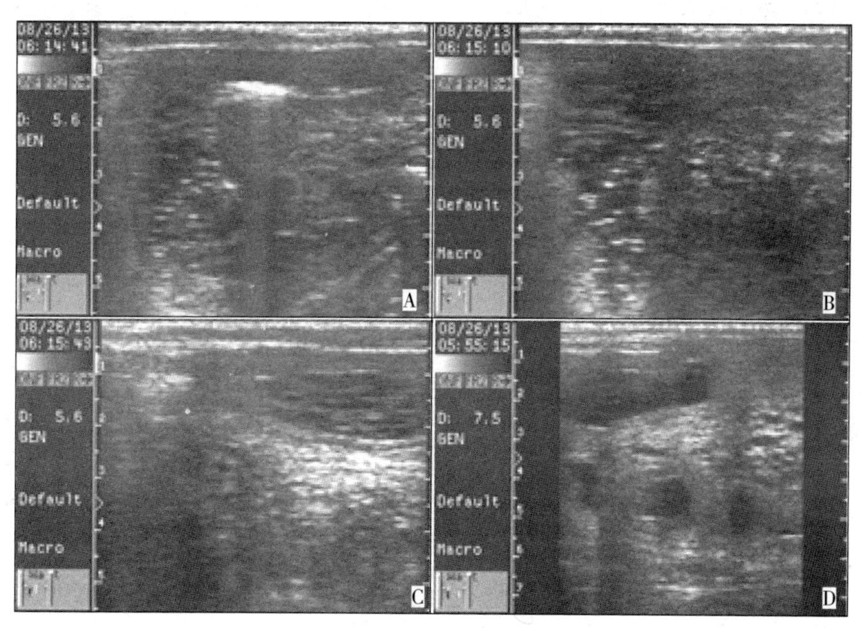

附图19　子宫充盈后B超声像图

典型声像图特点：B超探查出现纵向切面时，扫查进入子宫壁和扫查出子宫壁，其上下边界为强回声光带，而其下子宫壁紧贴着耻骨或耻骨联合。在子宫内注射生理盐水，子宫腔充盈后，可以显示出上、下两层浆膜的强回声光带，而中间为中等强度回声的肌层和黏膜层，由于子宫充盈有液体，此时可显示出子宫内的双层黏膜，在子宫黏膜层间显示液性暗区带。因此，可以较为清晰地显示子宫黏膜的厚度和子宫腔内液性回声的特点。如果子宫腔内有炎性分泌物，则其在注入的生理盐水中呈现漂浮或悬浮状态。由于炎性分泌物的浓稠或稀薄密度的不同，显示声阻抗差异不同，因而显示出强弱不规则的回声。因此，可以根据炎性分泌物刺激导致的子宫黏膜的厚度变化和子宫腔内炎性分泌物在生理盐水中回声的特点，来诊断隐性子宫内膜炎。

2.4.5.3.2　子宫回流液检查法

操作步骤：

(1) 在子宫充盈B超探查后，打开出液管侧开关，用直肠中的手将子宫角抬高，子宫角内液体就会回流，用无菌玻璃瓶接住回收备用。一般一侧子宫反复冲3次左右。把握子宫颈的手开始用不着按摩挤压，只是在最后一次时稍加按摩，就能帮助排空液体。

(2) 如需收集另一侧子宫角回流液，则按上述（3）～（5）重复操作，然后回收即可。

(3) 收集子宫回流液时，每头牛用一个玻璃瓶，并要注意避免污染。

(4) 处理完毕后，将气球内的空气放掉，把子宫双腔冲洗管抽回至子宫体，直接从子宫双腔冲洗管灌注不同清宫药物，再拔出子宫双腔冲洗管。

诊断依据：将收集到的子宫冲洗回流液静置30～60分钟后观察：未发现有沉淀为正常；出现有沉淀、蛋白样或絮状浮游物，则可诊断为隐性子宫炎。

2.4.5.3.3　NaOH检测法

向无菌试管中加入2毫升收集的子宫回流液和2毫升4%NaOH溶液，使其混合，然后在酒精灯上加热至煮沸，冷却后观察溶液颜色，其诊断标准为：无色为阴性；黄色为阳性；微黄色表示可疑。

2.4.5.4　奶牛子宫炎的治疗

(1) 激素治疗。采用苯甲酸雌二醇（E_2）、氯前列烯醇（PG）进行肌肉注射治疗。

(2) 中药治疗。应用中药宫达宁，口服给药，每天1次，每次400克，连续口服3～5天为一个疗程。一般1～2个疗程。也可用其他纯中药制剂进行肌肉注射或口服，如清宫液。

(3) 消毒药治疗。可用强力宫康、宫得康（其主要成分是醋酸氯己定）等进行子宫灌注。该药的抗菌谱广，对引起子宫内膜炎的革兰氏阳性及阴性细菌均有杀灭作用。药物均匀扩散至子宫黏膜上，通过缓释剂发挥长时间杀菌效果。净化因子可增加子宫腺体的分泌，促进子宫收缩，加速子宫炎性分泌物的排出，净化子宫。修复因子加速和增强修复子宫黏膜的炎性损伤及分娩损伤过程，恢复子宫黏膜正常生理功能。

(4) 抗生素治疗。首选头孢菌素类和青霉素类药物，也可选用土霉素或脱氧土霉素。

土霉素溶液子宫灌注：土霉素3～5克，溶于100～200毫升生理盐水中，每次灌入100毫升，隔天1次，一般用2～3次即可。

青霉素子宫灌注：子宫冲洗后，将青霉素320万国际单位用生理盐水稀释后注入子宫，隔天1次，一般用2～3次即可。

（5）注意事项。抗生素治疗会导致有抗奶，需要一定的弃奶期。转入奶厅挤奶时，必须用抗生素残留检测仪或试剂进行检测，符合无抗奶要求时才能进入奶厅挤奶；使用消毒药清宫的同时，灌服中药和注射激素，治疗效果更佳，三者结合使用能缩短治疗时间，提高其治愈率。

第四章　奶牛营养保健与代谢病防治

随着奶牛业快速发展及饲养管理方式的转变，群发性奶牛营养代谢疾病也日趋增多，特别是亚临床型疾病所导致的生长发育缓慢和生产性能降低是造成经济损失的主要原因。高产、稳产、健康已是奶牛发展的目标，舍饲奶牛的限制性饲养和管理增加了营养代谢病发生的几率，其中，以酮病、产后瘫痪、爬卧不起综合征、瘤胃酸中毒等疾病较多。另外，与代谢有关的疾病如皱胃（真胃）变位也很突出。这些疾病不仅直接影响产奶量，而且影响繁殖。有的病牛如治疗不当或不及时，则导致及早淘汰，对生产造成较大损失。

一、营养保健的目的及技术指标

通过奶牛环境控制、营养调控、营养代谢性疾病监控等技术措施，最大限度减少奶牛场营养代谢性疾病的发生，充分发挥奶牛泌乳潜力，使成母牛的营养代谢性疾病发病率小于5%。

二、发病主要原因

第一，对成母牛未采取分群饲养措施，多见于不拴系也不定位饲养、不用TMR（全混合日粮）、不设产房的奶牛场。

第二，干奶期营养不足。干奶期是指产前2个月，是母牛恢复因繁殖产奶的体力消耗和乳腺机能，维持胎儿发育的关键时期。其所需的能量、蛋白质、矿物质、微量元素、维生素缺乏，均可影响胎儿的发育及产后泌乳性能。

第三，干奶期精料喂量过大，导致产后2周内易发酮病、产乳热（产后瘫痪）、真胃移位等。

第四，在奶牛泌乳初期和泌乳盛期，奶牛饲料搭配不合理、营养不均衡，造成奶牛过度失重和动用体脂来完成产奶需要。

第五，干奶后期苜蓿草喂量大，且饲料品种比较单一，导致阴阳离子不平衡。

三、保健要点

保健的重点环节是对奶牛做好围产期保健，控制围产期低血钙和酮体升高。要点是减少分娩应激，预防产后瘫痪、胎衣不下和产后第一天的感染。

1. 环境控制

（1）冬春季应做好牛舍防寒保暖、通风换气，防止过度潮湿；夏季应在运动场设置足够的凉棚，在运动场饲喂的地方设置干草补充槽及自由饮水装置。规模化舍饲条件的牛场，可以用干湿温度计进行温湿度测量，计算奶牛温湿度指数（THI），参考表 4－1，采取措施预防热应激。

表 4－1　奶牛温湿度指数（THI）和热应激

温度（℃）	相对湿度（%）																				
	0	5	10	15	20	25	30	35	40	45	50	55	60	65	70	75	80	85	90	95	100
24														72	72	73	73	74	74	75	75
27							72	72	73	73	74	74	75	76	76	77	78	78	79	79	80
29			72	72	73	74	75	75	76	77	78	78	79	80	81	81	82	83	84	84	85
32	72	73	74	75	76	77	78	79	79	80	81	82	83	84	85	86	86	87	88	89	90
35	75	76	77	78	79	80	81	82	83	84	85	86	87	88	89	90	91	92	93	94	95
38	77	78	79	80	82	83	84	85	86	87	88	90	91	92	93	94	95	97	98	99	
41	79	80	82	83	84	86	87	88	89	91	92	93	95	96	97						
43	81	83	84	86	87	89	90	91	93	94	96	97					轻度应激				
46	84	85	87	88	90	91	93	95	96	97							中度应激				
49	88	88	89	91	93	94	96	98									严重应激				

注：THI＝0.81TD＋（0.99TD－14.3）RH＋46.3 或　THI＝0.72（TD＋Tw）＋40.6 和 THI＝TD＋0.36TDp＋41.2。其中，TD 为干球温度（℃）；Tw 为湿球温度（℃）；TDp 为露点（℃）；RH 为相对湿度（%）。

奶牛要求最适宜的外界环境温度为 8～16℃。高于或低于这个临界温度，将会对奶牛产生一系列应激反应。夏季在外界气温 30℃以上的环境下，奶牛表现出呼吸加快、体温升高、散热量减少、食欲下降、产奶量降低、生理代谢紊乱等热应激反应。一般认为，当温湿度指数（THI）高于 72 时，奶牛处于轻度热应激反应；高于 79 时处于中度热应激；高于 88 时处于严重热应激。此时应采取有效的措施，消除炎热夏季对奶牛热应激的影响，对保证高产、稳产具有重要的经济意义。

（2）对于规模化奶牛场应设置产房，落实产房的卫生管理制度。每次产犊前后清扫消毒产房，必要时铺设清洁干草供犊牛躺卧。

（3）规模化牛场应设置牛床，并维持牛床干燥与清洁。

（4）严格执行防疫消毒制度。

2. 营养调控

（1）合理调配奶牛日粮，强化饲料卫生安全意识；根据不同阶段奶牛营养标准，充分利用当地饲草料资源，选择优质、安全、全价预混料调制奶牛全日粮饲料，科学、合理、有目的地使用饲用活菌制剂、酶制剂、阴离子盐、维生素及中草药等营养调控与保健制剂。

（2）禁止使用下列饲料及添加剂：①成分不明，未通过国家有关部门批准使用的化学、生物类等添加剂；②禁止饲喂发霉变质、冰冻、农药残毒污染严重的饲料、青贮及腐败的酱渣；③杜绝给干奶牛和围产期的母牛饲喂过量的棉籽饼粕、棉壳；④啤酒糟及甜菜渣尽量少喂。

（3）合理供应日粮，尽量满足营养需要。夏季、冬季调整饲料配方，并以奶投料。干奶后期饲喂阴离子盐，以预防低血钙症。饲喂大量精料时，奶牛至少要饲喂4～6千克优质苜蓿干草、18～25千克优质玉米青贮。

（4）合理分群饲养。圈舍设施良好，且各牛舍均配有与之相应的运动场，使用TMR饲喂，根据奶牛的泌乳月和产奶量进行分群。全场成母牛分为泌乳盛期（日产奶25千克以上）、中期（18～25千克）、后期（14～18千克）、干奶前期（干奶前45天）、干奶后期（干奶第46天至分娩）和产后或泌乳前期6个群。每月定期测定每头牛产奶量3次，并根据产量做相应调群。个体异常牛应单独补饲，以达到适宜的体况。

（5）TMR饲喂。泌乳群的TMR营养水平应根据平均生产性能确定，TMR供给量按个体最低生产水平确定，其他奶牛根据生产水平适量补加精料（粗料）。干奶群的TMR营养水平应根据干奶期的平均营养需要确定，以干奶牛的BCS（体况评分）为依据确定。干奶后期（围产前期）适量补加精料（粗料），每月定期进行一次膘情评定。对膘情差的牛单独补饲，特别是干奶期和分娩时，奶牛膘情要求达到3.5分。

3. 各阶段的饲养要点

（1）干奶期：干奶牛饲料喂量应按饲养标准给予。日粮应以优质干草（4～6千克）为主，并喂以适量青贮饲料、块根类。精饲料3～4千克，精粗饲料比例为30：70，蛋白质为11%～12%，脂肪为20%左右。干奶期奶牛的体况指标在3.5～4.0之间。

有条件的高产奶牛场应细分，按以下阶段饲喂：

干奶前期（干奶到产犊前15天）：日增重限制在0.45千克，BCS为3.0～3.5，精料饲喂量不超过1～3千克（干物质），玉米青贮饲喂量应当占日粮干物质的1/3；蛋白质为12%～13%，每日进食钙60～80克，磷30～40克；每天食盐采食量不超过31克；保证采食足够的微量元素和维生素。

干奶后期（产犊前15天）：提高瘤胃非降解蛋白的供给，日粮蛋白质（CP）15%～16%，精料喂量2～3.5千克（干物质）；优质长干草的采食量达到2.3～3.6千克；可以考虑将精料、玉米青贮及长牧草混合后饲喂。日粮中可添加阴离子盐；每天添加6克尼克酸；控制精料喂量，不超过体重1%，粗纤维高于18%；BCS 3～3.5分。

（2）泌乳早期：母牛分娩后1～2小时，第一次挤奶不宜挤得太多，只要够犊牛吃即可。以后逐步增加，到第3天后才可挤净，否则对高产奶牛易致产后瘫痪。

母牛产后应立即给以麸皮1千克、红糖1千克、盐100～150克，温水8～10千克，混匀灌服或自饮；或者给予红糖益母草膏，每天1次，一般2～3次即可。目前，在大量给予产后保健药物时可以用灌服器，效果较好，比插胃管使用方便。母牛产后15天内应喂给易消化适口性好的饲料，并在精料中添加维生素A、维生素D_3、维生素E粉剂，控制糟渣饲料喂量。干草在运动场可自由采食，尽量饲喂优质干草。

提高干物质采食量，精粗饲料比为45∶55；蛋白质为17%～18%；钙为0.6%，磷为0.4%；精料量逐渐增加0.5千克/天，直至出现泌乳高峰期。产犊后3～4天，开始逐渐增加精料给量，分娩后头2周增加0.5～0.7千克/天；粗饲料中50%以上长度为2.6厘米，饲喂次数每天在3次以上。使用全混合日粮，蛋白质为18%～19%。

（3）泌乳盛期。增加饲喂次数，延长饲喂时间，使用阴离子盐和酵母培养物等调控剂。尽量减少饲料更换的影响，抓好围产期过渡。

（4）泌乳中期。精粗饲料比为55∶45；蛋白质为19%，钙为0.6%，磷为0.4%，粗饲料尽最大量满足。

（5）泌乳后期饲养要点。精粗饲料比40∶60；随产奶量的降低而逐渐减少精料量；蛋白质为16%，钙为0.45%，磷为0.35%。

以上在泌乳早期和泌乳盛期的一定时间要监测体重，可以用体尺测量或BCS的办法估测体重变化。体重损失量标准如下：①产犊至60天：每日减重不超过0.9千克；②产后60～120天：基本上不减重。

(6) 奶牛产后至泌乳高峰期，应及时提高日粮中钙磷水平。在精料中添加维生素A、维生素D_3、维生素E粉剂。

对高产奶牛，在产后早期和泌乳盛期应选择过瘤胃蛋白含量高的饲料原料配制精料补充料，必要时可以添加过瘤胃脂肪（如脂肪酸钙等）。

四、营养代谢性疾病监控措施

早期监测，提早预报可有效降低临床疾病的发生。其主要措施包括：

1. 定期血检 定期监测血液成分可为早期预防提供依据。检测重点是干奶牛、高产牛，检测项目为血液钾、钠、镁、钙、磷、血糖和碱储等。

2. 建立产房定期酮体监测制度 采用血液酮体测定仪（图4-1）或尿液酮体试纸条（图4-2），现场对临产和产后母牛定期检查，可为整个泌乳期内奶牛健康评价及营养保健提供依据。具体程序包括：

(1) 产前1周，隔日测尿pH、酮体1次。

(2) 产后1天，可测尿pH和乳中酮体，隔日1次，直到出产房（产后14～20天）。

(3) 凡测定尿液pH呈酸性、尿（乳）酮体含量升高、呈阳性反应的牛只，应及时进行调理或治疗。

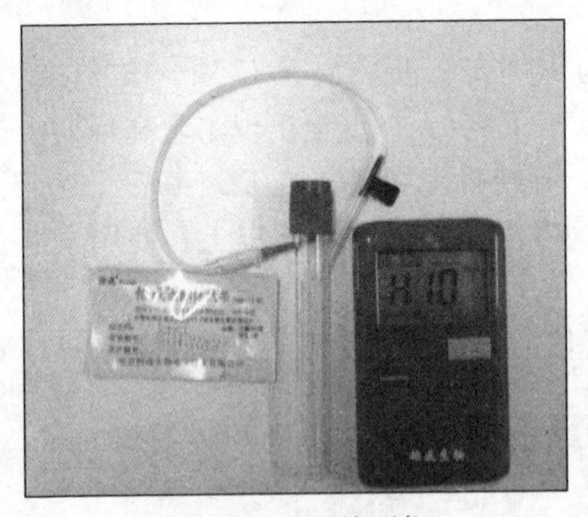

图4-1 血酮检测仪

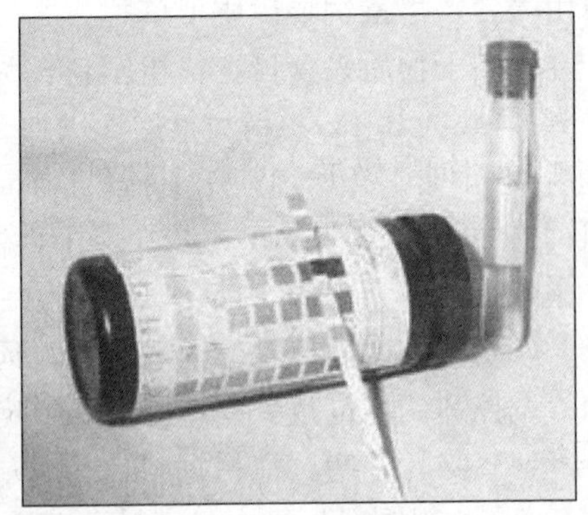

图4-2 尿酮试纸

五、临床上常用的预防措施

1. 临产前1周至产后1周，对产犊前后曾发生过产后瘫痪、难产、年老、体弱、高产和食欲不振牛只加强看护，经检查体温正常者，用以下方法处理。

方法一：糖钙疗法，针对临产前母牛：25%糖 500.0×2 瓶，C.N.B（苯甲酸钠咖啡因）10×3 支，10%葡萄糖酸钙 500.0×2 瓶，以上静脉注射 1～2 次。

方法二：针对产后母牛，在方法 1 的基础上加上常规量的地塞米松（20 毫克）和 2%盐酸普鲁卡因 30 毫升，静脉注射 1～2 次。

方法三：25%糖和 20%葡萄糖酸钙各 500 毫升，一次静脉注射，隔日 1 次，共补 2～3 次。适用临产牛和产后牛。

2. 在预防产后瘫痪方面，按照计算的预产期，在产前 7 天用维生素 D_3 10 000单位，每日 1 次肌肉注射，直到分娩为止。

3. 在预防瘤胃酸中毒方面，对于干草喂量不足或饲草粉碎过细以及精料喂量大的牛群，在日粮中加 1%～2%小苏打或 0.8%氧化镁（按干物质计算，也可两者同时拌于精料中饲喂）。

4. 在代谢病的控制方面，围产期产前 3～4 周，给经产牛应用阴离子盐（具体见围产期奶牛阴离子盐添加剂说明书），按精料量的 5%～8%添加，可以在一定程度上减少产后瘫痪、酮病、真胃变位、胎衣不下的发生率。头胎牛可不喂阴离子盐。

5. 对围产期的奶牛进行 BCS，评估饲养效果。

6. 干奶期奶牛要有适当的运动。奶牛产后要逐渐增加精料，在饲喂上最好采用全混日粮（TMR）。没有条件的可以将粉碎的干草（如苜蓿等）与玉米青贮混匀饲喂奶牛，但是需要额外每天自由采食部分长草。

7. 针对体况偏肥的奶牛，为了预防酮病和脂肪肝，从产前 2 周开始每天每头补饲烟酸 8 克、氯化胆碱 80 克、纤维素酶 60 克；也可从分娩开始每天补饲丙酸钠 110 克，连喂 6 周；或每天口服丙二醇 350 毫升，连用 10 天。

8. 在围产期和泌乳高峰期（15～100 天），可以在精料中添加酵母和乳酸菌培养物。

9. 围产后期（产后 15 天）、泌乳高峰期每天在运动场补饲长草 2～3 千克/头，可以在一定程度上减少真胃变位的发生率。

六、奶牛场常见营养代谢病的诊断与治疗

常见产后代谢病的鉴别诊断见表 4-2。

表4-2 常见产后代谢病的鉴别诊断

病别		酮病	产后瘫痪	瘤胃酸中毒	妊娠毒血症
病的发生	发病时间	产后1～3周	产后1～3天	随分娩出现	产后5～35天
	发病胎次	4～7胎	5胎以上	1～6胎	不限
	发病季节	冬春季	无季节性	冬春季	无季节性
	病程	1～10天痊愈	1～2天痊愈	于24小时内死亡	0.5～1个月，死亡，淘汰
临床症状	心跳	100次/分钟	100次/分钟	正常	90～150次/分钟
	呼吸	微弱	微弱	正常	正常
	体温	37.5℃	37.5℃	38～39℃	39.5℃以上
	姿势	不典型	颈部呈S状	背头，平躺	后期躺卧，爬行
	知觉	正常	减退或消失	正常	正常
	精神	兴奋，不安	正常或沉郁	兴奋，休克	正常
	脱水	不明显	不明显	轻度或中度	不明显
	并发症	无	无	无	皱胃变位、乳房炎及酮病
	尿酮体	＋＋＋	＋	－	＋＋＋
药物疗效	浓糖	特效	有效	无效	有效
	浓钙	不明显	特效	无效	无效
	等渗液	不明显	不明显	有效	不明显
	苏打水	有效	不明显	特效	不明显
剖检	肝肿大	＋＋	－	＋	＋＋＋
	肾肿大	＋＋	－	±	＋＋＋
	脂肪肝	＋＋	－	＋	＋＋＋

注：“－”为无；“＋”为明显；“＋＋”、“＋＋＋”为极明显。

1. 奶牛酮病

（1）概念。奶牛酮病是泌乳母牛在产后发生碳水化合物及挥发性脂肪酸代谢紊乱的营养代谢疾病。其病的特征是酮血、酮乳、酮尿症，出现低血糖、消化机能紊乱、体重下降和产奶量下降。多见于产后2～6周，尤其是产后1～2周体况较好的奶牛。发病母牛不仅产奶量下降（降低10%～15%）、发情延迟、配种不孕，同时易引起所产犊牛发病率和死亡率增高，给奶牛业造成严重的经济损失。

（2）影响酮病发生的因素：

胎次：各胎次母牛均可发病，以3～6胎发病最多，初产犊母牛也常发生。

泌乳时间：本病多发于产犊后第1个泌乳月内，大部分出现于泌乳开始增加的产后3周内，第2个月发病减少。

季节：在常年舍饲条件下，饲养的奶牛一年四季都有发生。通常认为，冬节和夏季较多。这与饲喂日粮的种类、日粮搭配有关。由于寒冷、高温、高湿等应激因素的刺激，容易引起消化机能的紊乱，当影响食欲时即促进了疾病的发生，所以有冬季和夏季发病增多的可能性。

饲料：饲料的种类、品质好坏、日粮组成、精料比例等与发病直接相关。日粮不平衡、精料过多、粗饲料缺乏，容易造成瘤胃机能减弱，进而引起奶牛食欲减退，使瘤胃内环境发生变化。由于奶牛不能摄取足够的饲料，所以能量水平不能满足机体需要，致使发病增加。矿物质缺乏时，如饲料中缺钴、磷时，常导致酮病大面积发生。当大量饲喂青贮饲料时，也会促进本病的发生。

遗传：生产中有的奶牛常出现反复发生酮病的现象，这与遗传有关。

产奶量：一般高产奶牛发生酮病多。

干奶期营养水平：饲料的能量水平过高或过低时，发病率都会增加；日粮的蛋白水平不足发病增加，蛋白水平提高发病减少。产后3周在日粮适当增加能量水平，可以起到降低奶牛酮病发病率的作用。

品种：产奶量高的品种，其发病率较高。

（3）酮病的分类：

原发性营养性酮病：即饲料供应过少、品质低、饲料单纯、日粮处于低蛋白低能量水平，致使母牛不能摄取必需的营养物质，又称为消耗性酮病或饥饿性酮病。

自发性酮病：指按照正常饲喂方式饲养，日粮处于高能量高蛋白的条件下，这种在饲料营养均衡而又高产的奶牛发生的酮病称为“有生产者的醋酮血病”。此病型在生产中常见，多发生于分娩后1～8周的高产母牛。开始呈亚临床酮病，最后痊愈或发展为酮病。

继发性酮病：奶牛患前胃迟缓、瘤胃鼓气、创伤性网胃炎、真胃移位、胃肠炎、子宫炎、乳房炎及其他产后疾病，往往会引起食欲减退或废绝，由于奶牛不能摄取足够的食物，机体得不到必需的营养，进而导致继发性酮病。

食物性或生酮性酮病：青贮饲料和干草是奶牛常用的饲料。通常，干草含生酮物质（丁酸）比青贮饲料少，而由多汁饲料制成的青贮料含生酮物质高于其他青贮料。

（4）酮病的诊断。通过观察症状，询问病史，查询母牛产犊时间、产乳量变化及日粮组成和饲喂量，同时对血酮、血糖、尿酮及乳酮做定量和定性检测等综合诊断。

临床检查：奶牛产前大都膘情较好，产后产奶量也比较高。病初表现食欲下降，厌食精饲料，对优质干草有一定的采食量。有时有异嗜现象，挤出的奶容易产生泡沫。后期表现皮肤、尿液散发出酮味，病畜消瘦速度快，产奶量锐减，脱水和酸中毒，精神沉郁，呆视。神经性酮病除具有酮病的所有症状外，还出现神经症状（与低血钙或者低血镁有关）。其主要表现为病初兴奋不安，肌肉震颤或站立不稳，或横冲直撞，或间歇性抽搐；兴奋时间持续数分钟到数小时不等。不久即转为抑制期，卧地不起、头颈弯曲，呈昏迷状态。

具体诊断要点：①听诊：前胃迟缓；②直肠检查：子宫复旧慢，子宫壁增厚；③酮体检查：可用酮体检测仪或试纸条，血酮、乳酮、尿酮呈阳性反应（+）。尿酮反应最为明显，是最为常用的定性检查方法和确诊依据；④血糖检查：由正常的每100毫升50毫克下降到20～40毫克；⑤血钙检查：由正常的每100毫升10毫克下降到9毫克以下。

鉴别诊断要点：

①创伤性网胃炎：产奶量下降多呈急性发生，病情较重，瘤胃蠕动停止，排粪干、少而呈黑色，且有肘头外展、肘肌震颤、体温升高等症状，网胃区触诊（剑状软骨压迫有痛感），这些都是酮病所没有的；②皱胃变位：常发生于分娩后不久的母牛，但厌食是逐渐出现的，腹部缩小，粪便少而呈糊状，左方变位时，左侧腹部能听到皱胃内气体通过液面而发出的钢管音；③迷走神经性消化不良：多因饲养不当使迷走神经受到损失所致，主要原因是创伤性网胃—腹膜炎，其次是饲喂不适当的饲料，使瘤胃停滞，腹部长期膨大及中度鼓气而发生；④李斯特菌病：有轻热，病情持续长达1～2周，全身衰弱，卧地呈昏迷状态，常卧于一侧而不改变姿势，常以死亡告终；此外，还应与产后瘫痪、瘤胃酸中毒、妊娠毒血症进行区别。

（5）酮病的治疗。经过针对性的治疗，酮病患牛一般都能痊愈。已经痊愈的奶牛，如果饲养管理不当则有复发的可能。也有极少数病牛，对药物治疗无反应，最后被迫淘汰或死亡。对于继发性酮病，应尽早做出确切诊断，并对原发病采取有效的治疗措施。

为了提高治疗效果，应精心护理病畜；改变饲料状况，日粮中增加能量饲料和优质干草的喂量，以提高血糖浓度；减少脂肪动员；促进酮体的利用；增进瘤胃的消化机能；提高采食量。

治疗原则：补糖、补钙、促进糖代谢，纠正脱水和酸中毒（只用于初期阶段）。

治疗方法：代替疗法（补糖疗法）、激素疗法（肾上腺皮质激素、胰岛素）和辅助疗法（钙、镁、维生素、ATP、辅酶A等）。

中药处方：当归、川芎、砂仁、赤芍、熟地、神曲、麦芽、益母草、广木香各35克，磨碎，开水冲，灌服，每天或隔天1次，连服3～5次，对增进食欲、加速痊愈效果良好。

综合治疗处方：25%葡萄糖注射液1 000.0～2 000.0毫升，糖盐水注射液1 000.0～1 500.0毫升，10%维生素C注射液30.0～50.0毫升，2.5%维生素B_1注射液30.0～50.0毫升，5%碳酸氢钠注射液500.0～1 000.0毫升，地塞米松磷酸钠注射液20～30毫克，维生素B_{12}注射液5～10毫克，辅酶A注射液1 000～1 500单位，ATP注射液200～400毫克，促反刍注射液500.0～1 000.0毫升，10%葡萄糖酸钙注射液600.0～1 000.0毫升，25%硫酸镁注射液100.0～300.0毫升，分组静脉注射，每天1～2次，3～5天或者5～7天为一疗程。

（6）酮病的预防。加强饲养管理，供应平衡日粮，保证母牛围产期的能量需求。

第一，加强干奶牛的饲养。精粗比以30∶70为宜，按混合料计算，以每天3～4千克即可，青贮料15～20千克，干草量不限制。

第二，分群管理。产犊后泌乳初期的母牛，维持日粮为每100千克体重3千克干草。每产3千克奶给1千克谷类精料，总蛋白质不超过16%～18%。

第三，加强运动。每天奶牛应适当运动，增强体质。

第四，加强临产牛和产后牛的健康检查，建立酮体检测制度。为了能及时发现亚临床酮病病牛，减少酮病的发生，应对乳酮、尿酮进行定期检查。①产前10天，隔1～2天测尿酮、pH一次；②产后1天，测尿pH、乳酮，间隔1～2天一次。凡阳性反应的，除加强饲养外，还应该立即给予治疗。

第五，定期补糖、补钙。对年老、高产、食欲不振及有酮病史的牛只，于产前1周开始补25%的葡萄液和20%的葡萄糖酸钙液各500毫升，静脉注射，每天或隔天注射1次，共补2～4次。

第六，调整日粮结构，增加生糖物质。①保证饲料中有充足的钴、磷和碘；②对大量饲喂青贮而酮病发病率高的牛场，应适当减少青贮料的饲喂量；③从产前10天开始，饲料中加喂丙酸钙或丙酸钠，每天11克，连喂6周，不仅可减少酮病的发生率，而且可提高产奶量；④产犊后每天饲喂丙二醇350毫升，连续用10天，或者按照精料日粮的6%饲喂，连续用8周，即可收效；

⑤为防止因碳水化合物饲喂过多而引起瘤胃酸中毒，保持瘤胃内环境的稳定，日粮中可添加2%碳酸氢钠、0.8%氧化镁（按干物质计算）；⑥产前7天补充烟酸4～8克，每天1次，连用3天。

2. 瘤胃酸中毒

（1）概念。瘤胃酸中毒是奶牛采食了过多的含碳水化合物丰富的谷物饲料（酸性饲料），引起瘤胃内乳酸过量生成、蓄积、吸收，致使瘤胃pH下降的一种全身代谢紊乱性疾病。

大量饲喂精料常引起酸中毒，其临床特征是瘤胃消化机能紊乱、瘫痪和休克。在高产奶牛场，如果粗饲料质量差，尤其干草质差量少，采用高精料型饲养方式，发生此病相对较多。舍饲、缺乏运动、缺乏干草、大量饲喂精饲料和酸性饲料的高产乳牛病程数小时至数天。有些牛无明显的临床症状而突然发病死亡。

临床上分为急瘤胃酸中毒和慢性瘤胃酸中毒。

（2）病因。

日粮精料喂量过高原因：①为了促使泌乳增加，干奶期精料喂量增大，母牛肥胖，单纯认为肥胖就能高产；②产房期间，精料由饲养员自己掌握，喂量多少合适没有明确规定；③临产前加料催乳房发育，产犊后为了催奶增喂精料；④冬天加料增膘，春季加料换毛；⑤为了催奶，过分增加精料、块根类及糟渣类饲料喂量；⑥谷实类饲料粉碎过细，牛短时间内过量采食可产生大量乳酸；⑦饲料突然变更，特别是日粮突然由适口性差改变为适口性好的饲料，导致过食。

过食酸性饲料：醋糟、酒糟、啤酒糟、甜菜渣、番茄、青贮等酸性饲料。

促发因素：临产与产后母牛，机体抵抗力降低，消化机能弱，在分娩、气候条件突变等应激作用下，影响瘤胃内环境的改变，成为发病的诱因。缺乏运动，补充精饲料和粉碎的过短的饲草，食物在瘤胃中停留的时间过长，对乳酸的耐受性差。

（3）诊断要点。

特征性表现：①流涎液，食欲和瘤胃蠕动减废，腹泻；②神经症状为先兴奋、后抑制，最后瘫痪卧地不起呈昏迷状态；③酸中毒，胃肠内容物、粪尿均呈酸性反应；④血碱贮下降，血浆二氧化碳结合力降低；⑤脱水，血液浓稠（血细胞皱缩，周边有突起）；⑥毒血症。

具体诊断：①听诊，瘤胃蠕动减废或蠕动不完全，心跳和呼吸加快；②触诊，病初瘤胃胀满→松软→空虚→积液；③瘤胃液检查，pH由正常的6.5～

7.5降至小于5（严重时小于4），无纤毛虫，乳酸由正常的2.2毫摩尔/升上升至80～165毫摩尔/升；④粪尿检查，由正常的微碱性→酸性，尿pH<5，尿酮体上升；⑤血液检查，血液浓稠，红细胞皱缩，周边有突起，血细胞比容高达50%～60%；⑥解剖胃肠道有不同程度的充血、出血（片状出血）、水肿，黏膜脱落（瘤胃最明显），内容物呈酸奶样臭味；心肌松软，心内外膜出血；肝肿大、质脆、色黄，有些病例肝脏发生脓肿病灶。

刚分娩的奶牛出现卧地不起症状，按产后瘫痪治疗无效时，可穿刺采集瘤胃液测定pH。一般pH在5～6之间时，可提示瘤胃酸中毒。当表现结膜充血，发病急剧，体温正常或略有升高，可确诊为奶牛急性酸中毒。

慢性乳酸中毒：发病缓慢，病程长，症状不十分明显。最常见的症状是食欲下降，顽固性的前胃迟缓，四肢比较坚硬，行走不协调，无力，流涎，排稀软粪，眼结膜发绀、充血，有轻微的脱水和酸中毒症状。瘤胃液pH<5，粪尿pH变化不大。

（4）治疗。

治疗原则：①防止和纠正酸中毒；②强心补液，维持体液平衡；③抗菌消炎，防止继发感染；④对症治疗。

治疗方法：①中和乳酸、缓解脱水、增加血容量：处方一，碳酸氢钠100～200克，水500.0～1 000.0毫升，口服或瘤胃注射（中和瘤胃乳酸）；处方二，5%糖盐水注射液1 000.0～2 000.0毫升或复方氯化钠注射液2 000.0～4 000.0毫升，25%葡萄糖注射液500.0 ～1 500.0毫升，5%碳酸氢钠注射液500.0～1 000.0毫升或11.2%乳酸钠注射液200.0～500.0毫升，静脉注射，纠正酸中毒、补液、维持体液平衡；②降低脑内压：在缓解脱水和休克的同时或者稍后用，R_3：甘露醇注射液250.0～300.0毫升，10%盐水250.0～300.0毫升，40%乌洛托品注射液60.0～100.0毫升，静脉注射；③缓泻：人工盐400～600克，水2 000.0～3 000.0毫升，灌服；④维生素B_1：用量为30～50毫升，每天1次。

（5）预防。本病急性型发病急，病程短，致死率高，预防是关键；而亚临床型酸中毒要注意群体病因学分析。

具体预防措施如下：①加强饲养管理，储备并供应充足的优质干草和粗饲料，一定要保证充足干草的进食量；②合理饲喂精料，坚持稳定正常的饲养管理制度；③精料中添加1%～2%的碳酸氢钠和0.8%的氧化镁；④管理要精细，分群饲喂，变更饲料时应有过渡期，至少要在1周以上时间来过渡；⑤饲料加工时谷物饲料不要粉得太细，注意制作TMR时下料单与实际加工投放的量，最好有专职人员监督，注意维护全混合日粮搅拌车的计量装置的准确性；⑥日粮中添加莫能菌素，喂量每头每天30毫克，或者每头每天饲喂泰乐菌素90毫克（注意：产奶牛禁用）；⑦日粮中加喂苹果酸，每天每头加喂40～80克，瘤胃pH和乙酸含量升高，有利于提高乳脂率。

3. 皱胃移位

（1）概念。皱胃变位是由于皱胃迟缓，使皱胃的机械性转移导致其正常的解剖学位置发生改变的一种皱胃疾病。临床表现：周期性前胃迟缓，周期性的、轻度的瘤胃积食和臌气。皱胃蠕动音位置发生改变。产前3周至产后4周，产后2～3周发病率最高。高产牛、年龄较大母牛以及体况过于肥胖的牛（青年母牛体况大于3.5分，经产母牛体况大于4分）发病率较高，美国3.3%高产奶牛发生此病。右方皱胃移位见图4-3，左方皱胃移位见图4-4。

图4-3　右方皱胃移位

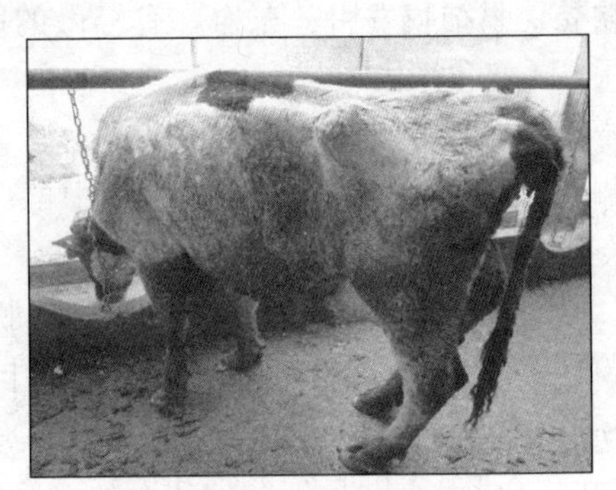

图4-4　左方皱胃移位

（2）病因。

营养因素：任何导致食欲下降、采食量减少的因素，都易诱发皱胃移位。例如，日粮粗料质量不适宜、围产期日粮有效纤维素含量不足、围产期日粮精料比例过高等。

牛的体况：头胎牛体况过肥，体况评分（BCS）超过3.75分，瘤胃不能充分撑大；产前腹腔底部有大的子宫填充，产后子宫收缩，腹腔底部与瘤胃背囊之间出现大的空间，是真胃左方变位的解剖学基础。

精料过多、饲草酸度过大：常常引起真胃黏膜溃疡及炎症，导致肌源性真胃迟缓，排空变慢，真胃扩张，常常漂移到左侧腹腔；真胃内蓄积草团，引起真胃的不完全阻塞。真胃黏膜溃疡与真胃迟缓是发生真胃变位的病理学基础。

日粮转换过急：从干奶期高粗料日粮转换成产后的高精料日粮过程过急，将诱发皱胃移位和其他代谢紊乱。

血钙含量降低：分娩期间血浆中钙含量降低会直接影响皱胃的收缩力，导致皱胃迟缓和臌气。根据研究，血浆钙含量为 75 毫克/升，皱胃收缩力下降 25%；血浆钙含量为 50 毫克/升，皱胃收缩力下降 50%。当发生乳热症典型症状时，血浆钙的含量仅为 40 毫克/升。10%～50%临产至产后 10 天的荷斯坦母牛和娟姗牛患有亚临床低血钙症（血钙含量低于 75 毫克/升）。

其他因素：子宫炎、产道拉伤反射性引起真胃迟缓与真胃左方变位互为因果；也可由皱胃迟缓、慢性酸中毒、皱胃黏膜溃疡引起；难产、乳热症、乳腺炎、子宫炎以及其他疾病均可诱发皱胃移位。

皱胃机械性转移即左方变位的全过程：瘤胃底→左腹壁和瘤胃之间→左侧瘤胃背囊处。

（3）诊断要点：①听诊和叩诊，在左侧倒数 1～3 肋间的区域进行听诊与叩诊，出现钢管音，钢管音出现在靠近肩部水平线上下范围内；②尿液酮体检查：酮体阳性反应约占 95%；③直肠检查：对体格小的奶牛有一定意义；④腹腔探查；⑤皱胃液检查，pH1～4，可穿刺钢管音明显部位，抽取穿刺液体测定。

（4）治疗。

治疗原则：整复皱胃，疏通胃肠内容物。

治疗方法：①翻滚法。主要适用于初期轻度的左方变位。在翻滚前、病牛绝食 24～48h，用一根绳子按一条龙倒牛法将牛放倒，由 5 个人分别保定其头和四肢，使牛仰卧（四脚朝天）。先左右摇晃牛体，使瘤胃下沉，以减轻瘤胃对皱胃的压力。由于皱胃内气体漂移作用，使皱胃上升到腹底，并逐渐移向右侧而达到复位的目的。具体的操作方法：以背部为轴心，先向左滚 45°→回到中央→再向右滚 45°→回到中央。如此反复 3 分钟，最后突然停止，快速向左侧呈横卧姿势，再转成腹卧姿势，使之站立。如果翻滚有效，采食量会逐日好转，全身状况也得到明显好转。

②手术疗法。手术前，禁食 48～72 小时，真胃变位的手术方案：首先，盲针固定术：适合钢管音明显、范围大的牛以及随着病程延长钢管音越来越明显的牛；其次，手术整复与固定：盲针固定不能成功的牛以及钢管音范围小、钢管音不固定的牛；最后，真胃切开取出草团等异物（绳子、铁丝等）：真胃阻塞牛。手术过程应全程严格无菌操作，加强术后护理。③药物治疗法：采用消胀、消气、助消化、促进胃肠蠕动的药物，一部分牛的真胃变位可能复位。常用处方：处方一，10%氯化钠 1 000～1 500 毫升、维生素 C2～3 克，静脉注射；处方二，5%的葡萄糖氯化钠 500～1 000 毫升、硫酸庆大霉素 20 万单

位，静脉注射；处方三，四消丸 80～120 克，液体石蜡油 1 500～2 500 毫升，磺胺间甲氧嘧啶 75～100 克，灌服。

（5）真胃变位的预防。①控制头胎牛的膘情（体况），严禁过肥。距离预产期 1 个多月的头胎牛，如果体况过肥，建议调整饲料配方，特别建议单独饲喂一部分长干草，将瘤胃撑大。②干奶期日粮应有大约 0.75%的纤维来自长草。新产牛日粮应含有足够长度的粗料，每头每天至少饲喂 1.5～2.5 千克的干草。③在围产前期采用引导饲养时，精料的用量宜控制在体重的0.5%～0.75%；或 600 千克体重的奶牛在产前每天精料喂量不超过 3.2～4.5 千克；产后增加精料应逐渐进行，每天增加量不宜超过 0.5 千克；泌乳早期日粮粗料比例不宜低于 45%。④饲料酸度过大常常引起真胃溃疡与迟缓。建议在预混料中加入碳酸氢钠，增加碳酸氢钠的喂量。⑤积极治疗子宫炎与产道拉伤，要有选种选配预先考虑，减少难产。治疗子宫炎要有真正的落实，在制度考核上有保证。在治疗这些疾病的同时，应注意检查是否发生了真胃变位。⑥非甾体类抗炎药：美达佳 15 毫升或氟尼辛葡甲胺 25 毫升。⑦抗分娩应激药与提高采食量药：科特壮 25～30 毫升，肌肉注射。⑧可灌服下列药物：四胃动力散 500 克或健胃散、红糖与白糖各 500 克，丙酸钠 220 克或者丙二醇 300 克，50%氯化胆碱粉 50～60 克，多维素 2 克，配合口服的钙制剂，以上用 20～40 千克温水混合后灌服。在规模化奶牛场，可考虑用专门的灌服器灌服，此操作一般在产后进行。必要时，间隔 1 天 1 次，可处理 3 次。Oetzel（1996）报道，产犊时口服氯化钙，能明显降低皱胃移位的发病率。

4. 产后瘫痪

（1）概念。产后瘫痪也称产乳热、产后风、乳热症、临床型低血钙症，主要是奶牛产后突然发生的严重缺钙的代谢障碍性疾病。本病以患牛意识和知觉丧失、四肢瘫痪、消化道麻痹、体温下降和低血钙为特征。正常奶牛血钙为 90～100 毫克/升，钙代谢失调或产奶致使血钙浓度降至 50 毫克/升，发生乳热症。

在美国发病率可达 6%，几乎所有奶牛都在产犊后第一天血钙浓度下降，经历亚临床低血钙症，从而易发酮病、胎衣滞留、皱胃移位和乳腺炎等，经济损失巨大。

（2）病因。①3～5 胎的高产奶牛易发，通常在产后 3 天内发生。乳热症常发生在分娩前 24 小时至分娩后 72 小时，其中，4～6 胎（6～9 岁）高产奶牛发病率最高，2～3 胎发病率低，头胎未见发病。②产前 3 周的饲养原因；机体对血钙不能有效调节；甲状旁腺素、1，25-二羟基维生素 D_3 代谢性碱中毒（日粮中较高含量的钾和钠等阳离子有关）；日粮中 Na^+、K^+ 等阳离子饲料过高。③主要因产后急性低血钙而引起。特别是怀孕后期日粮中钙含量过高，日粮中磷不足及钙磷比例不当，维生素 D 不足或合成障碍。

（3）诊断要点。①产犊后不久发病，常在产后 1～3 天内瘫痪。②体温低于正常，38℃以下，心跳加快达 100 次/分钟。③卧地后知觉消失，昏睡。④治疗性诊断：及时补足钙剂有良好效果。由于产后母牛卧地不起的原因较多，在诊断时应仔细检查，并与以下疾病严格鉴别，以提高诊断的准确性。

（4）治疗。奶牛场对该病如果处理不及时，可能导致奶牛的淘汰或死亡，从而造成很大的损失。当然，预防该病的发生更为重要，可以“防患于未然”。要了解其发病的原因，从预防角度出发考虑牛的饲养，尤其是饲养高产奶牛更要注意。任何疾病都应早发现、早预防、早治疗，而且，要请有经验的兽医来治疗。

本病的特效疗法是钙制剂疗法和乳房送风法。

钙制剂疗法：本治疗方案应该请兽医诊断后治疗处理。静脉注射 10%葡萄糖酸钙注射液 800～1 000 毫升或 5%葡萄糖氯化钙注射液 600～1 200 毫升；也可用硼葡萄糖酸钙溶液，迅速提高血钙浓度，使患牛恢复正常。药用量应根据个体大小、病情轻重、血钙降低程度、心脏状况来选择。注射时，一定要监听心脏，不可速度过快。有的病牛在一次治愈后，病情还不巩固，可能会复发。因此，通常需要在 1～2 天内注射维持剂量（突击量的 1/2～1/3）。

乳房送风法：用常用的家用打气筒向 4 个乳头内打气，直至乳房鼓胀、敲打呈鼓音为止。打完气后，用胶布封住乳头管口，保持 6 小时以上。然后，拆除胶布，最好在打气前给乳头注射少量抗生素，每个乳头 10 毫升，可预防感染。

（5）预防。①高产奶牛饲料采用产前低钙、产后高钙，即在干奶后期减少豆饼喂量和苜蓿草喂量，增加禾本科牧草。钙磷比例保持在 1～1.5∶1，每日钙量在 100 克以下。妊娠期每头每天需饲喂 40～50 克的磷，低于 25 克可能导致低磷血症和母牛躺卧综合征，而超过 80 克又可诱发乳热症。分娩后钙量增加到 125 克以上；产前 2 周，减少高蛋白饲料，并补充维生素 AD_3E 粉剂或含维生素 A 和维生素 D_3 的饲料。②在饲料中添加阴离子盐有很好的预防效果。添加阴离子盐奶牛的 pH 为 6.2～6.8（尿液检测在添加阴离子 48～72 小时后进行）。镁缺乏会使甲状旁腺的活性下降，继而出现血液钙调节障碍。妊娠期饲喂含镁 0.35%～0.40%的日粮，可以有效防止血液中镁浓度的下降。③临产前 1 周至产后 1 周，对产犊前后曾发生过产后瘫痪、难产以及年老、体弱、高产和食欲不振的牛只加强看护。经检查体温正常者，用以下方法处理：糖钙疗法：本方案应请兽医处理。方法1，针对临产前母牛，25%糖1 000毫升，苯甲酸钠咖啡因30毫升，10%葡萄糖酸钙1 000毫升，静脉注射1～2次；方法2，针对产后母牛，在方法1的基础上加上常规量的地塞米松（20毫克）和2%盐酸普鲁卡因30毫升，静脉注射1～2次；方法3，25%糖和20%葡萄糖酸钙各500毫升，一次静脉注射，隔日1次，共补2～3次。适用临产牛和产后牛。④在预防产后瘫痪方面，按照计算的预产期，在产前7天用维生素 D_3 10 000单位，每天1次肌肉注射，直到分娩为止。⑤产前10天采用低钙日粮（每头每天不足15克，但阴离子型日粮不适用），可刺激甲状旁腺素的分泌，激活破骨细胞，使骨钙释放进入血液，激活1，25-二羟基维生素 D_3，促进肠道钙磷的吸收，有效降低乳热症的发病率。

第五章　奶牛肢蹄卫生保健与蹄病防治

在奶牛饲养中，肢蹄病是规模化奶牛场的四大疾病之一。蹄是奶牛重要的支持和运动器官，蹄的健康直接关系到奶牛的高产、稳产和利用年限，是关系到奶牛的优良性能能否发挥的重要因素之一。患蹄病奶牛生产性能明显下降，严重者被淘汰。近年来，随着奶牛场规模增大，蹄病呈上升趋势。有的奶牛场蹄病发病率高达20%以上，造成了巨大的经济损失。

一、蹄病保健的目的和技术指标

通过奶牛环境控制、营养调控、药物防治、蹄病卫生保健等措施，以达到肢蹄保健的目的，从而确保奶牛高产及正常的繁殖性能。

实施保健措施后应达到的控制目标：成母牛蹄病发病率<10%，其中淘汰率<10%。

二、奶牛蹄病的致病原因

致奶牛蹄病的因素较多，包括遗传因素、营养不平衡、地面结构、环境卫生不良、病原体感染及未及时修蹄等因素。其中，以牛舍、运动场及挤奶通道地面结构不合理，牛蹄部长时间浸于粪水中造成蹄部皮肤损伤为主要原因。在新疆，奶牛蹄病多发于2～4月，多由圈舍潮湿、运动场泥泞有关。据调查，高产奶牛在泌乳最初3个月肢蹄病发生率较高；90%奶牛跛行是由于蹄的问题，且大部分是由于后蹄存在问题而引起的。

三、保健要点

1. 环境控制

（1）奶牛运动场的地面要排水良好。在新疆，尤其在开春冰雪融化之后，规模化牛场运动场应有良好的排水设施（尤其在水槽周围或低洼处），可在运动场内设置简易排水沟或低处凹坑，积水时用抽水泵定期抽干。运动场有一定的坡度，保持运动场相对平坦、干燥。牛床、运动场年久损坏需修理的，要及时处理。尤其在春秋大清粪后，运动场低处有坑，应填土夯实。

(2) 在散栏饲养和拴系饲养的奶牛场，在圈舍内每天饲喂3次后，牛舍应清扫3次。夏季如在运动场饲喂，则清扫1次。清扫整理后，将粪便及时运到运动场外，把粪堆放在专门的堆粪场地，堆积发酵处理，禁止乱堆放。

(3) 设计牛舍时，水泥地上应当设有防滑痕，但不应太粗糙，尤其是圈舍进出口要做到防滑。散栏饲养的奶牛场，有条件的在牛床上应有清洁干净的垫草或垫料。牛床设计应方便奶牛的起卧，牛床的长度和运动区域的大小必须恰当。保持圈舍牛床舒适。对于散栏饲养条件下牛床舒适度判断：如果奶牛躺在走廊上或一半在牛床上一半在牛床外，则说明牛床的设计有问题。在散放式牛舍中，85%以上的奶牛吃料后应躺在牛床上。

(4) 运动场设计时，尽量使运动场面积大一些。舍内拴系饲养的牛场，在靠近牛舍处（占运动场1/4）地面为水泥或立砖地面；如果在圈舍外饲喂，应在相应位置硬化地面（水泥或立砖地面）。饮水槽附近的地面也应设置硬化地面，运动场的其他地面最好用三合土（黄土、沙子和石灰各占1/3）或沙土压制而成，呈现中间高、四周略低的凸型，以利于渗水和排水。

(5) 通往挤奶厅的通道应保持坚实、平坦、干燥，铺设草垫或胶垫。冬季应便于清雪，并设置防滑结构。

(6) 定期做好奶牛场的环境消毒工作。保持奶牛运动场地的干燥清洁，每月对环境消毒至少2次。牛床、牛舍和运动场定期喷洒消毒。

2. 营养调控

(1) 合理供应营养，保持营养平衡。日粮营养中能量与蛋白适当，钙磷比例以1.4∶1为宜。泌乳早期的奶牛，精粗比例（干物质计）应为50∶50，精料中补充小苏打（0.5%～1.5%）。应根据产奶水平、体况、季节定期进行饲料营养分析，饲喂平衡日粮。

(2) 在干奶时期，应喂较少精料，而给予较多优质粗饲料；产后喂精料应逐渐增加，精粗比例要适当。患蹄病奶牛要减少精料喂量，增加干草喂量。

(3) 在饲料中可添加硫酸锌或蛋氨酸锌，硫酸锌每头每天添加2克（日粮中添加0.01%～0.02%），每次持续1个月以上，每年5次；蛋氨酸锌每头每天添加4克，均匀混合于精料中饲喂。

(4) 有TMR（全混日粮）搅拌机的可饲喂TMR。

3. 蹄部常规保健管理制度

（1）建立定期修蹄制度，由专门培训过的人员对牛检蹄、修蹄。每年对牛群的肢蹄情况普查1～2次，发现有蹄形不正和蹄变形的要及时修整。于春季、秋季统一修蹄1～2次，保证每头牛每年至少1次。对怀孕牛应在产后进行，尤其蹄变形严重的、有蹄病的牛要及时修蹄，并要对症治疗，促使痊愈。

（2）用4%硫酸铜对牛喷洒浴蹄：每年的4～10月为较佳药浴时间。夏季可用清水每天冲洗。浴蹄时，直接用喷雾器（去掉喷嘴），将4%硫酸铜喷洒到指（趾）间隙、蹄壁及蹄球部，每周1次；也可每月用4%的硫酸铜溶液对奶牛的蹄部进行1～2次喷洒消毒，让药液浸透整个蹄部。每次每头牛约300毫升，每次喷蹄前冲洗净蹄部粪泥。夏秋季节，每7天一次；冬春可适当延长浴蹄间隔。

（3）定期对奶牛的蹄部进行药浴。蹄部药浴在修蹄后进行更好。有挤奶厅的奶牛场，当外界环境温度达15℃以上时，用3%～5%福尔马林液浴蹄；其他时期可干燥浴蹄（尤其是冰冻和寒冷季节）。可以在挤奶厅的出入口处通道上设置浴蹄池（宽与通道宽一致，长3～5米，深15厘米），池内放入配制好的消毒液，药液的深度以淹没奶牛的蹄部为宜。每次浴蹄需进行2～3天，每次间隔3～4周。如浴蹄液较脏时，应更换。在牛必经的通道上散布长5米、厚2厘米的生石灰粉，实行干燥浴蹄，冬季每月处理6～7天；也可以在牛舍进出口处铺洒生石灰进行干燥浴蹄。

（4）奶牛每天应在排水良好的运动场内走动，且至少2小时。

（5）加强选种选配，不用肢蹄有严重缺陷的公牛精液配种。

（6）蹄病发病率达15%以上时，视为群发性疾病。应从饲料营养、病原体感染、挤奶通道的地面结构等分析查找原因，采取综合性防治措施。

4. 治疗

（1）要定期对奶牛的蹄部进行检查，发现患有肢蹄病的奶牛立即将其隔离。对患有肢蹄病的奶牛应及时治疗，促使其尽快痊愈。

治疗方法：5%硫酸铜或5%高锰酸钾溶液对患部彻底清洗，清除创内的坏死组织；对变形蹄进行修理，并用新洁尔灭进行消毒，剔除腐烂组织并进行敷药包扎；然后，使用蹄靴或蹄套使蹄部与地面上的粪尿水等隔离；也可配合药物封闭和针灸治疗。

清创后，可分别选用以下2种方法治疗：①外涂5%的碘酊溶液，散布用磺胺粉10克、高锰酸钾20克、草木灰60克配成的药粉后用纱布包扎；②散布用磺胺粉4克、硫酸铜1克配成的药粉后用纱布包扎。病症轻微的，治疗一次后效果明显；病症严重的，每5～6天换一次药，并在蹄冠周围用抗生素配盐酸普鲁卡因进行封闭治疗，直到痊愈。

（2）若患牛表现全身症状，应及时用磺胺类药物或抗生素静脉注射或肌肉注射。同时，应根据病情给予解热镇痛类药物，直至炎症消除为止。对于卧地不起的重症奶牛，应人工将其移至干燥地面，做好护理工作，防止继发感染。

（3）对蹄深部的化脓性感染，先用消毒水浸蹄，采用外科方法局部消毒处理。创内清洗后，导入魏氏流膏纱布条引流或注碘仿醚。在健指（趾）底部固定一块2～3厘米厚的橡胶（蹄壁钻孔后铁丝固定），使患指（趾）充分休息，肌肉注射抗生素。

（4）对蹄底溃疡牛，外科处理后，创面敷以松馏油，最好套上蹄套。肌肉注射抗生素。

（5）对于腐蹄病牛、蹄底溃疡牛，可给予较大剂量的硫酸锌（每天每头12克，分3次喂给）较好。对奶牛腐蹄病常规外科处理后，对蹄部粘补治疗。

（6）治疗后的牛应饲养在干燥、松软的干净地面或给予垫草（或垫料）的水泥地面上。

蹄病患牛左后腿不敢负重，蹄尖着地见图5-1，患牛蹄踵之间、趾间充血红肿见图5-2。

图5-1　左后腿不敢负重，蹄尖着地

图5-2　蹄踵之间、趾间充血红肿

第六章 奶牛乳房卫生保健与乳房炎防治

乳房炎是奶牛常见病之一，因其发病率高、影响产奶量及奶品质，且发病原因复杂，临床病型较多，治疗成本高，根除难度大而成为规模化奶牛场尤其是高产奶牛最重要的疾病。控制奶牛乳房炎的关键是做好奶牛乳房的卫生保健。

一、奶牛乳房炎的传播途径

1. 挤奶厅传播 即接触性传染。在挤奶准备阶段及挤奶完成后，操作者手臂、乳房擦布、乳杯内的衬垫以及药浴杯内的消毒液被病原菌污染时，容易发生挤奶过程中乳头和乳头管的表面感染，进而病原菌侵入乳腺组织引起乳房炎。此类感染多为隐性感染和亚临床症状，主要由金黄色葡萄球菌、无乳链球菌及停乳链球菌引起，以体细胞数上升为指征。

2. 环境病原体传播 当奶牛挤完奶后卧于被病原体污染较多的污秽地面时，环境中的病原体经乳头和乳头管侵入乳房引起乳房炎。此类感染多以临床型乳房炎为主，多由大肠杆菌、病原真菌引起，以体细胞数和细菌总数同时上升并伴有临床症状为特征。

二、奶牛乳房保健目的及卫生指标

1. 奶牛乳房保健目的 通过采用奶牛环境控制、营养调控、免疫注射、药物防治、挤奶卫生保健、定期检查等措施达到乳房保健的目的，从而提高产奶量，保证原料奶的卫生质量。

2. 奶牛乳房卫生指标 隐性乳房炎控制在20%以下，临床型乳房炎控制在5%以下。牛奶中体细胞数控制在200 000 个/毫升以下、细菌总数小于100 000个/毫升。

三、奶牛乳房卫生保健要点

重点抓“三关”，即挤奶关、干奶关和环境卫生关。提供洁净的圈舍环境和充足的圈舍活动空间；良好的乳房药浴和挤奶前的乳房消毒；正确使用挤奶设备及消毒；干奶期的抗生素治疗；定期的乳房检查及淘汰久治不愈的临床型乳房炎病牛。

乳房卫生保健的具体措施包括以下几个方面：

1. 环境控制

（1）牛舍、运动场保持清洁卫生，尤其是在新疆的春季（3～4月）。奶牛运动场应有排水条件，设置排水沟和排水坑，定期抽出污水；最好将运动场设计成内高外低，以利于排水。定期清除牛床及运动场牛粪，及时消除牛舍内、运动场上的污水坑，保持地面的清洁干燥。运动场及时清粪后每年都应该换土，最好换沙土或三合土（石灰、黄土和沙子各占1/3），添50厘米厚并夯实。

（2）牛舍：牛舍冬春季应注意保温，夏季防暑降温。牛舍每天应清扫1～3次，保证牛床（卧床）干净，牛床应铺上垫草、沙子、锯末、烘干牛粪等材料，以保持松软。冬天牛床和运动场最好铺麦秸、稻壳或锯末等铺垫物，并且经常更换，对保持牛体清洁有很大益处。

（3）牛栏大小设计要合理，并结合牛体尺来设计。牛床设计尽量考虑牛卧床时的舒适，排粪尽量落入粪尿沟，减少粪便污染牛床。坚硬的牛床易损伤乳房，引起感染（牛舍牛床地面最好不铺木地板，否则不易清扫且湿度高）。牛床保持干燥、渗水性好，保证阳光充足。

（4）运动场设计要足够大。如果有条件，还要种植牧草，搭建凉棚。饮水槽定期刷洗。保证饮水清洁，符合饮用水标准。不饮夏潮地的碱水（建场时应先选好场址），冬季饮水应随饮随放或用自动饮水器。尽可能不饮冰水，铁制水槽可以用晒干的牛粪点燃后给水槽加温。牛舍内有条件的可设置饮水槽或自动饮水碗。

（5）牛舍应有通风排气装置，确保通风系统的正常运转，防止湿气过大。

（6）牛舍和运动场定期消毒，夏季每月至少3次大消毒，其他季节每月至少不低于2次，在夏季发病高峰期、产奶高峰期可增加次数。产房要建立消毒卫生制度，并具体落实。地面、墙壁、栏杆、饲槽至少10天应消毒1次。

2. 营养调控

（1）对于高产牛而言，高能量、高蛋白的日粮有助于维持和提高产奶量，但同时也增加了乳房的负荷，增加乳房炎的发病率。奶牛场应按饲养管理规范进行饲喂，以奶投料，不过分强调单产。

有条件的奶牛场可采用先进的 TMR（全混日粮）饲喂方式。

（2）禁止饲喂发霉、变质、冰冻等饲料。

（3）在干草质量差或不足的情况下，配制高产奶牛日粮时，尤其精料饲喂量较高时，精料中应添加小苏打 0.5%～1.5%。

（4）有条件的可以适当饲喂大豆、南瓜、胡萝卜。注意维生素 A 维生素 D_3、维生素 E、硒的供给，不足时可以在精料中添加维生素 AD_3E 合剂。

（5）干奶期母牛在产前 30 天和 20 天分别给每头牛喂 100 毫克亚硒酸钠、3 克盐酸左旋咪唑各 1 次。产前 2 周按每千克体重 3～5 毫克剂量肌注一次盐酸左旋咪唑针剂，也可将粉剂添加到精料中。口服：每千克体重 7.5 毫克，每天 1 次，连用 3 次。

3. 免疫注射 由于致奶牛乳房炎的病原菌复杂且有地方差异，国内尚无用于各类奶牛乳房炎免疫的商品疫苗供应。以大肠杆菌为主的奶牛乳房炎，可试用进口 J-5 大肠杆菌基因工程苗进行免疫；也可在确定其病原种类及免疫特性基础上制备多联菌苗，但效果尚难确定。

4. 奶牛乳房炎的检测 定期进行奶牛乳房炎的检测是控制乳房炎发生的有效措施之一。奶牛乳房炎应定期检测，如泌乳前期、泌乳高峰期及干奶期，其中，以干奶期检测最为关键；也可根据奶牛场乳房炎发病情况进行临时检测。检测对象包括大桶混合乳和个体牛乳汁。为了查明其可能的传播途径，还需对挤奶设备及挤奶环节进行细菌学调查。

（1）乳中体细胞的检测：采用美国加利福尼亚州检测试剂盒（CMT）、兰州检测试剂盒（LMT）对乳中体细胞（主要是嗜中性粒细胞）进行简单估测，其原理是基于细胞核苷酸与反应剂（去污剂或氢氧化钠）之间出现凝胶反应。检测时，先对奶桶中的混合乳检测，以了解牛群隐性乳房炎的发生情况。当大桶乳中体细胞数持续升高，大于 200 000 个/毫升时，表明牛群中隐性（亚临床）乳房炎的感染率较高。此时，应对可疑牛群中的个体牛进行检测，并做好记录，及时对体细胞数较高的奶牛进行停奶治疗。

（2）乳中细菌的检测：对无菌采集乳样进行细菌检测是鉴定牛群或牛只是否存在乳房炎的重要标志。定期对无菌采集大桶奶的样品进行检测，当乳中细菌总数超过规定卫生指标（大于 100 000 个/毫升）时，提示牛群中存在一定比例的隐性乳房炎感染牛。应对个体牛只乳汁进行检测。采样时，先对乳头及周围进行喷雾消毒，用灭菌纸巾擦干。经消毒过的手挤出前三把奶，再取乳汁

5毫升收集于灭菌试管中送实验室检查。为提高乳样中病原菌的检出率，通常采用鲜血琼脂平板，无菌取乳样1毫升分别滴注平板3个点，摇动平板使其乳样分散均匀，置于37℃培养24～48小时，观察结果。每次每个样品重复3个平板，计算其菌落平均数。当样品中细菌较多难以计数时，可用灭菌生理盐水对样品进行倍比稀释后进行，或采用倾注培养法进行。为进一步查明乳汁中的细菌种类，可根据检测病原种类不同，采取鉴别培养法，如麦康凯琼脂（大肠杆菌）、沙堡葡萄糖琼脂（真菌）、七叶苷鲜血琼脂（乳房链球菌）、牛支原体培养基（牛支原体）。但开展此类检测需更专业的培养技术及实验条件，不适合一般实验室操作。

（3）挤奶设备及挤奶用具的病原菌检测：当奶中体细胞数及细菌总数持续超过规定指标且检出细菌以革兰氏阳性芽孢杆菌及革兰氏阴性杆菌为主时，为查明其可能的传染途径，应对其挤奶用具包括乳杯内衬、纸巾或毛巾、乳头药浴杯、反复使用的乳头药浴液、奶罐接口等进行细菌学检测。

5. 药物防治

（1）干奶牛的预防措施。

隐性乳房炎的检测：干奶牛在实施乳房炎防治前，应进行隐性乳房炎的检测，方法见前述。

干奶期预防性治疗：采用乳房灌注，可按下列方法进行操作：乳完全挤净乳汁→迅速乳头药浴→用干净毛巾或纸擦干乳头上多余的药液→用酒精棉球对乳头消毒→灌注药物时乳针不要插入太深，灌注后按摩乳房→再次进行头药浴。此外，一支注射器所装的药物刚够一个乳区，处理一头牛要4支。在使用大剂量包装的容器时，每次抽取药物前瓶塞都要用酒精消毒，不允许将未使用完的药物从注射器内返还到瓶中，也不能将两瓶未使用完的药物折合到一个瓶内。干奶时挤净最后一次奶，用0.5%～1%碘伏浸泡乳头，再往每个乳头分别注入干奶油剂或其他干奶针剂。注射完后，再用0.5%～1%碘伏浸泡乳头，冬季用凡士林涂抹封闭乳头。停奶是否成功应观察乳房变化。

为了降低感染率，最好采用一次性快速干奶，对于日产量高于10千克的牛，在停奶前3～4天，要逐步减少饲料及水的喂量，迫使其减少产奶量。当日产量在10千克以下，应快速干奶，最后一次挤奶后立即对每一个乳区用干奶药物进行乳头注射。

停奶应选在预产期的55～60天之前，最少不得低于40天；否则，乳腺的损伤组织和乳腺分泌细胞得不到充分的修复和补充。对于患临床型乳房炎的牛，应在停奶前先进行治疗，消除症状，然后停奶。停奶后，要随时检查乳房情况，直到乳房完全空瘪。如果停奶后不久有乳区发生临床型感染，应该恢复挤奶并进行治疗，治愈后停奶，再进行干奶期治疗。规模较大的奶牛场应派专门培训过的干奶员实施奶牛的干奶工作。干奶后最初的7～10天及产犊前7～10天，每天坚持一次乳头药浴。

（2）抗生素治疗。主要针对泌乳期临床型乳房炎的治疗，其治疗效果取决于正确的诊断、药物的选择和投药方法。

治疗原则：①在选择对致病菌敏感的抗菌药物时，不能单从体外细菌药物敏感试验结果作为选用药物的唯一标准，应以临床疗效作为最佳选择药物的标准。②在临床实践中，当现场还未查清致病菌时，可先采用广谱抗生素或2种抗生素联合应用。经2～3天的治疗后，如无明显好转再改用其他抗菌药物。③对久治不愈、体细胞数始终较高及乳房已出现器质性病变等无治疗价值的患牛，应及时淘汰。

治疗方法：有局部症状的采用局部疗法，有全身症状的进行全身疗法。主要是乳区注射配合肌肉或静脉注射、辅助疗法、改善饲养管理、抗炎、抗毒素等。

投药应注意问题：投药前，必须先将发病乳区的异常乳汁挤干净。不能将异常乳挤在牛床上，应放到专用桶中。有专用挤奶厅的可挤在地下，但应采用消毒水冲洗。

注意配制药物的浓度，使药液达到感染部位时能保持有效的抗菌浓度。在进行乳区注射时应特别小心，注意注射过程的无菌化。每个乳区注入药液量一般为30～50毫升。

（3）中药治疗乳房炎的典型方剂。

隐性乳房炎：蒲公英60克、王不留行50克、益母草50克、黄芪30克、白芍30克、当归30克、川芎30克粉碎混匀，分别在早、晚饲喂完毕后温水灌服，每天2次，连续使用5～7天。

临床型乳房炎：①乳房有硬块的，用蒲公英、金银花、连翘各50克，木芙蓉、浙贝母、丝瓜络各30克，通草25克、黄柏40克，皂角刺、穿山甲（炮制）各30克，粉碎混匀。一般连用3剂，每天1次。②乳房炎兼有体温升高者，栝蒌60克，牛蒡子、花粉、连翘、金银花各30克，黄芩、陈皮、生栀子、皂角刺、柴胡各25克，生甘草、青皮各15克，粉碎灌服。一般连用3剂，每天1次。

慢性乳房炎：金银花100克、蒲公英100克、连翘60克、黄连35克、花粉55克，赤芍、当归、贝母、白芷、皂角刺各45克，加水浸泡1小时，熬制好的药液加入250毫升的白酒，连用3剂，每天1次。

（4）乳房炎患牛的淘汰：当牛群中存在下列乳房炎患牛病例时，应实施淘汰处理：①久治不愈的临床型乳房炎病牛；②经治愈后两个乳区组织已纤维化不能发挥其泌乳性能的奶牛；③患隐性乳房炎，经多次治疗后体细胞数及细菌数仍超过规定指标，且产奶量较低的奶牛。

6. 挤奶的卫生控制措施 按照正确的机械挤奶操作规程，坚持乳头药浴和挤奶厅的消毒是控制奶牛乳房炎的主要措施之一。另外，挤奶设备的正确使用和定期维修保养也很重要。

挤奶过程中奶牛乳房及乳头消毒、挤奶设备、挤奶厅的消毒措施见“规模化奶牛场消毒程序与方法”。

建议挤奶程序：

（1）用40～50℃含0.5%碘消毒液喷雾清洗乳头。

（2）清洗后换纸巾，立即擦干乳头。

（3）挤下最初两三把奶，放在专门的容器内，不能挤到牛床或挤奶厅的地面上，同时检查是否异常；必要时，定期做隐性乳房炎的检测。

（4）乳房清洗后60秒内套上挤奶杯。

（5）挤奶时适当调整奶杯位置，以防止吸入空气。

（6）挤完奶后，先关掉真空；然后，再移开挤奶杯（自动脱杯的除外）。

（7）脱杯后，立即进行乳头药浴。

（8）临床型乳房炎或正在治疗的奶牛单独挤奶，不在挤奶厅挤奶。

7. 进行良好记录，定期分析奶牛健康状况，有条件的地区可参加DHI（生产性能测定）

（1）记录药物治疗过的奶牛、乳区及使用的药物。必要时，采集临床型乳房炎牛乳汁，进行细菌培养，以确定其病原体种类。

（2）利用DHI和SCC测定记录指导奶牛场管理人员评价乳房卫生健康状况。

（3）通过乳品厂的收购牛奶质量报告，对监督牛群乳房健康状况和改善原料奶质量也有帮助。通过改进饲养管理措施，定期实施乳房炎控制项目，请兽医或专家对牛群进行客观评估。如果奶牛场牛群乳房形状和乳头不整齐，乳头长度和直径按照育种要求不理想时，要考虑从育种角度有所侧重改进乳房性状，从而减少乳房炎的发病率。这些对规模化奶牛场很有必要。

第七章　奶牛围产期卫生保健

通常将产前15天和产后15天称围产期，产前15天称围产前期，产后15天称为围产后期。围产期是奶牛一生中最为关键的阶段。产犊前后，奶牛经历了日粮、环境改变、分娩、产奶等营养、生理和代谢方面的应激，导致机体抵抗力下降。在此期间如果饲养管理不善，不仅使牛易患代谢性疾病，也易感染传染性疾病。因此，围产期是牛群生产力、牛场利润的“关键控制点”。

一、保健目的

保证胎儿正常生长和乳腺组织的恢复休整，同时使母牛体内蓄积营养、恢复体质，减少产后代谢病、生产病的发生，避免产后乳房炎，减少成母牛的死亡淘汰率，是实施本技术的目的。

二、影响围产期母牛健康的主要因素

影响围产期母牛健康的主要因素是干奶方法不当或未及时干奶、营养不平衡、胎衣不下、乳房炎、难产、产后感染、产后瘫痪、爬卧不起综合征、繁殖障碍、分娩助产不当等。

三、保健要点

保健要点是减少分娩应激，预防产后瘫痪、胎衣不下和产后第一天的感染最为重要。及时正确干奶并注射干奶药物，是预防干奶期和产后乳房炎的关键。营养调控是围产期母牛健康的保证。

四、围产期营养保健技术

1. 围产前期（产前15天）

（1）干奶期饲料喂量应按饲养标准给予，日粮应以优质干草占体重的0.5%以上（4～6千克）为主，并喂以适量青贮饲料、块根类；精粗饲料比例为30∶70，粗蛋白（CP）为12%～15%；粗纤维（CF）为20%左右；干奶期奶牛的体况指标为3.5～4.0。

（2）产前日粮钙、磷、食盐含量进行调整。钙由每头每天75～100克降至30～50克；磷含量为0.35%～0.4%；食盐由1.5%降到0.5%以下。

（3）以粗料为主的饲养模式逐步向高精料日粮过渡。精料可按干奶牛标准饲喂（约3~5千克），逐日增加，但不超过体重1%。

（4）产前10天可以添加阴离子盐，使奶牛尿pH降到6～6.5。在饲喂后2～4小时采集尿样，用pH试纸测定。可以减少产后低血钙症、胎衣不下、真胃移位、酮病的发病率。

（5）围产前期连续给饲料中添加亚硒酸钠、维生素E、维生素AD_3及含酵母菌、乳酸菌的饲用微生态制剂，以减少分娩应激、促进疫苗抗体产生及初生犊牛抗感染能力。

（6）对于产前体况较肥的奶牛和高产奶牛，从产前15天开始每头每天补饲烟酸8克、氯化胆碱80克和纤维素酶60克，防止酮病发生。

2. 围产后期（产后15天）

（1）围产前后期的日粮种类尽量一致。逐渐增加日粮，日粮精粗饲料比例为40∶60，日粮粗蛋白含量为18%～19%，粗纤维20%左右。奶牛产后至泌乳高峰期，应及时提高日粮中钙磷水平，钙占日粮干物质的0.7%，钙磷比例为1.5～2∶1；产后2周精料的添加速度为每天0.5千克左右，不能过快。

（2）母牛产后15天内应喂给易消化、适口性好的饲料，并在精料中添加维生素AD_3E粉剂，控制糟渣饲料喂量。在运动场干草可自由采食，尽量饲喂优质干草。

（3）产后2～3天以优质干草为主，给少量精料，每天每牛不超过3千克；产后第7天食欲良好，粪便正常，乳房水肿消失，开始喂青贮饲料。

（4）杜绝给干奶牛和围产期的母牛饲喂过量的棉籽饼粕、棉壳、霉变饲料、冰冻饲草，啤酒糟及甜菜渣尽量少喂。

（5）对高产奶牛，在产后早期和泌乳盛期应选择过瘤胃蛋白含量高的饲料原料配制精料补充料。必要时，可以添加过瘤胃脂肪（例如脂肪酸钙），但要逐渐增加。过瘤胃脂肪添加量控制在干物质的2%～3%。

（6）在围产后期，如发现牛只粪便颜色、气味等异常。说明瘤胃功能异常。应当适当减少精料，多采食粗饲料。

（7）添加缓冲剂：小苏打（$NaHCO_3$）占精料的1%左右，氧化镁（MgO）占精料的0.5%～0.8%。

五、围产期日常管理

1. 在规模化奶牛场应设置专门的产房，并制定合理的产房饲养管理制度。在整个围产期，奶牛应该在产房。围产期内一旦发生消化道及代谢疾病，应及时诊治。尤其在产犊高峰期间应24小时轮流值班，牛只上下槽跟踪观察，一旦发生异常及时处置。

2. 围产前期适当增加运动。如果运动场太小，必要时还要由饲养员进行驱赶使临产牛运动。

3. 围产期奶牛应该经常刷拭牛体。

4. 围产期中，尤其是分娩前7天和产后20天，不要突然改变饲料。

六、分娩管理

1. 产房的饲养员和助产人员要进行培训，严格执行产房的饲养管理制度。

2. 母牛产后1小时内，立即给以麸皮1千克、红糖1千克、盐100～150克，温水8～10千克，混匀灌服或自饮；或者给与红糖益母草膏，每天1次，一般2～3次即可。在冬季，奶牛产后7天内应该饮温水。

3. 母牛分娩后1～2小时，第一次挤奶不宜挤得太多，只要够犊牛吃即可（一般2～4千克）。以后逐步增加，到第3～5天后才可挤净，否则易致高产奶牛产后瘫痪。

4. 改进盲目的接生助产方法。经产母牛以自然分娩为主。对初产母牛的助产，应待胎儿肢蹄露出产道时再行助产。尽量减少人员手臂或器械进入母牛产道造成创伤，引起厌氧菌感染。凡进入产道的手臂、绳子、手套、产科器械等均应严格消毒后再操作。

5. 产后观察胎衣排出情况。如在新疆本地6～8小时胎衣仍不下，就要及时处理。尤其是在夏季（8～9月），在围产后期胎衣不下的奶牛应勤观察和每天测量直肠温度，有异常的及时处理。胎衣已下的牛应根据恶露变化，做好药物的清宫处理，药物交替使用。

6. 加强母牛分娩的管理，主管领导及技术人员抓好产房饲养管理措施的落实，可以减少难产和分娩应激。分娩时，子宫易受细菌感染，产房的清洁卫生十分重要。初产母牛难产概率大，必要时应行助产。分娩后的母牛应行必要的观察和护理，发现体温升高、食欲差、体质差，恶露颜色、气味有异常，要及时请兽医治疗。可以参考表7-1提供的方案处理。

表7-1　产犊后10天的护理和治疗

<table>
<tr><td colspan="2">体温高（发烧）：经产奶牛体温＞39.5℃，初产奶牛＞39.3℃</td><td colspan="2">体温正常（不发烧）：经产奶牛体温＜39.5℃，初产奶牛＜39.3℃</td></tr>
<tr><td>表现有病（下列每组中选一种药治疗）</td><td>表现正常（下列每组中选一种药治疗）</td><td>表现有病（下列每组中选一种药治疗）</td><td>表现正常（每天重复检查体温）</td></tr>
<tr><td>第一天治疗（每类选一种药）
一、子宫收缩药
1. 苯甲酸雌二醇（一次性）
2. 催产素（3天）
3. 红糖益母草
二、退烧药
1. 安乃近或安痛定
2. 复方安基比林
三、能量类药
1. 静脉注射葡萄糖
2. 丙二醇口服液
四、补钙类药
1. 静脉注射硼葡萄糖酸钙
2. 静脉注射葡萄糖酸钙
3. 静脉注射钙磷镁合剂
4. 口服速补钙
五、全身性抗菌素治疗</td><td>第一天治疗（每类选一种药）
一、子宫收缩药
1. 苯甲酸雌二醇（一次性）
2. 催产素（3天）
3. 红糖益母草
二、退烧药
1. 安乃近或安痛定
2. 复方安基比林
三、能量类药
1. 静脉注射葡萄糖
2. 丙二醇口服液
四、补钙类药
1. 静脉注射硼葡萄糖酸钙
2. 静脉注射葡萄糖酸钙
3. 静脉注射钙磷镁合剂
4. 口服速补钙
注：不使用抗生素</td><td>第一天治疗（每类选一种药）
一、能量类药
1. 静脉注射葡萄糖
2. 丙二醇口服液
二、糖皮质激素
1. 氢化可的松
2. 地塞米松
三、补钙类药
1. 静脉注射硼葡萄糖酸钙
2. 静脉注射葡萄糖酸钙
3. 静脉注射钙磷镁合剂
4. 口服速补钙
四、检查真胃变位</td><td rowspan="2">第一至第十天，每天检查体温</td></tr>
<tr><td>第二和第三天重复治疗，并检查体温</td><td>第二和第三天重复治疗，并检查体温</td><td>第二和第三天：
1. 如体温正常，仍采用第一天的处理方案
2. 如发烧，则采用发烧治疗方案</td></tr>
</table>

说明：

1. 有异常表现的新产母牛应采取上述治疗方案，至少重复3天。

2. 对发烧但采食，临床表现正常的奶牛不必使用全身性抗生素治疗，而使用促宫缩、退烧、葡萄糖和补钙类药。如果用药后第二天不退烧，可使用抗生素全身性治疗3天。由于使用抗生素会损失牛奶，这样可以给奶牛一个不用抗生素就可能恢复的机会。

3. 对不发烧但表现有病的奶牛，使用能量类药、糖皮质激素和补钙类药物。每天检查有无真位变位。

4. 对不发烧表现健康的奶牛，应每天测试体温，并随时观察精神状态。

5. 在确定治疗方案时，应与兽医研究，根据各自牛场的具体情况而定。但方案订出后，必须按照治疗步骤进行护理和治疗。

七、药物防治

1. 糖钙疗法 产犊前后对曾发生过产后瘫痪、难产、老龄、体弱或高产的奶牛都可处理，俗称“营养针”。

方法一：针对临产前母牛，25%糖500.0毫升×2瓶，C. N. B 10.0毫升×3支，10%葡萄糖酸钙500.0毫升×2瓶，以上静脉注射1～2次。

方法二：针对产后母牛，在方法一的基础上加上常规量的地塞米松（20毫克）和2%盐酸普鲁卡因30毫升，静脉注射1～2次。

2. 代谢病监控 详见第四章“规模化奶牛场奶牛的营养保健与代谢病防治技术”。在母牛产前6～10天，肌肉注射维生素D_3注射液1 000单位1次，以预防产后瘫痪。

3. 胎衣不下药物预防 详见第三章“规模化奶牛场奶牛繁殖管理与不孕症防治技术”。

4. 预防干奶期乳房炎 详见第六章“规模化奶牛场奶牛乳房炎卫生保健与乳房炎防治技术”中“药物防治”一节。

干奶时挤净最后一次奶，用1%碘伏浸泡乳头，再往每个乳头分别注入干奶油剂或其他干奶针剂，注射完后再用1%碘伏浸泡乳头，冬季用凡士林涂抹封闭乳头。停奶是否成功，应观察乳房变化。患乳房炎的牛只，应先行治愈再停奶。

第八章　新生犊牛保健及常发病防治

犊牛在出生后一周是影响犊牛成活的关键时期。犊牛腹泻和肺炎是造成犊牛发病与死亡的主要疾病，因此犊牛的保健主要是加强犊牛出生后1周内的护理，减少腹泻和肺炎的发生，提高犊牛的成活率，培养健康的犊牛，为成年时期的体型结构和生产性能打下基础。

一、影响犊牛健康的主要因素

1. 环境因素包括

（1）产房环境温度过低，地面潮湿或未铺设垫草，外界气温变化导致环境应激反应。

（2）犊牛圈舍阴暗潮湿、通风不良、圈舍狭小，犊牛密度大、过分拥挤。

（3）舍内粪便不及时清除、垫草不勤换、未定期消毒。

（4）犊牛出生后第一天即转入犊牛舍，使犊牛产生生理性应激反应。

2. 营养因素包括

（1）未及时哺喂初乳或喂量不足，犊牛获取母源抗体少，免疫力低下。

（2）母牛怀孕时期营养不良、犊牛初生重小，维生素A缺乏，抗病力差。

3. 病原体感染　引起犊牛感染的常见病原体包括大肠杆菌、链球菌、沙门氏菌、棒状杆菌、魏氏梭菌、牛支原体、附红细胞体、冠状病毒、病毒性腹泻—黏膜病病毒、牛传染性鼻气管炎病毒等。主要来源于处于隐性感染的母牛、患乳房炎的母牛。病原体通过多种途径排出体外，污染周围环境。犊牛通过子宫内感染，其中通过母乳和奶具经消化道感染及通过犊牛舍空气感染为主要途径，是造成犊牛腹泻和肺炎的主要原因。

4. 管理因素　规模化奶牛场均建立了犊牛饲喂操作程序，但在产犊较为集中时，由于多种原因常难坚持，因而出现：

（1）饲喂时间不固定、奶温不均等引起消化不良。

（2）多头母乳混合饲喂或一头母乳饲喂多头犊牛，每头犊牛奶具不固定，喂奶前后未进行消毒处理，均导致疫病交叉传播。

（3）为节省成本，常将品质较差的母乳，如有抗奶、酒精阳性奶、体细胞数超标奶给犊牛饲喂，从而给犊牛健康带来隐患。尤其是长时间采用有抗奶饲喂犊牛，一旦犊牛发病，多种抗生素治疗难以取得疗效。

二、犊牛保健技术要点

改善犊牛饲养环境、消除发病诱因；保证初乳供给提高抗病力；做好哺乳卫生，切断传播途径；早期查明病因，及时采取防治措施，是实施犊牛保健、提高犊牛成活率的关键。其技术要点包括：环境控制、消毒与卫生护理、营养保健、健康检查、药物防治、免疫接种。

1. 环境控制

（1）产房要宽敞、通风、地面干燥、阳光充足，及时清扫粪便，临产前铺设褥草，清洗牛体。

（2）犊牛出生后，及时用纸巾擦净鼻孔羊水，用2%～5%的碘酊消毒脐带，让母牛舔干犊牛。羊水流出2小时后犊牛仍未产出时方可进行助产，助产需在兽医指导下进行。

（3）犊牛舍尽可能采取单圈饲养（每头犊牛所占面积为1.8米×1.0米），以避免疾病相互感染，有利于观察健康状况、圈舍清扫及饲喂。犊牛舍应保持通风及采光良好，勤换垫草，粪便及时清扫，保证舍内清洁干燥。冬春寒冷季节应采取暖风炉送风，保持温度为8～15℃，确保无穿堂风和贼风。

2. 消毒与卫生护理

（1）产房应每周进行一次地面消毒，犊牛舍每周至少2次空气与地面消毒。消毒液选用2%～4%的次氯酸钠或0.2%的百毒杀。

（2）人工哺乳的用具饲喂前后清洗消毒。使用专用初乳灌服器时，每头犊牛更换一个吸管。

（3）需人工助产时，凡接触进入产道的一切器械、手臂等均应消毒。

（4）治疗及疫苗接种所用针头应严格消毒，保证一头一针，防止针头传播。

（5）犊牛出生后，1周龄标记耳号，1～3周龄去角（电烙法或苛性钠法），切除副乳头（1～2月龄），应注意术部消毒及术后防雨。

3. 营养保健

（1）干奶母牛的饲养管理要满足对营养物质的需要，围产期奶牛饲料中增加维生素 AD_3E 添加剂、酵母及乳酸菌等活菌制剂。干奶母牛严格控制精料喂量，防止母牛过肥和产后酮病的发生。

(2) 及时饲喂初乳。犊牛出生后2小时内，采用灌服器（图8-1）饲喂初乳2～3千克（按体重7%～10%）；保证12小时内灌服4～6千克，奶温35～38℃。初乳尽可能维持3～5天。有条件的可以采用乳蛋白比重仪检测初乳蛋白含量，对蛋白含量较高或免疫母牛48小时内多余的初乳可直接冻存或制成乳清后冻存。

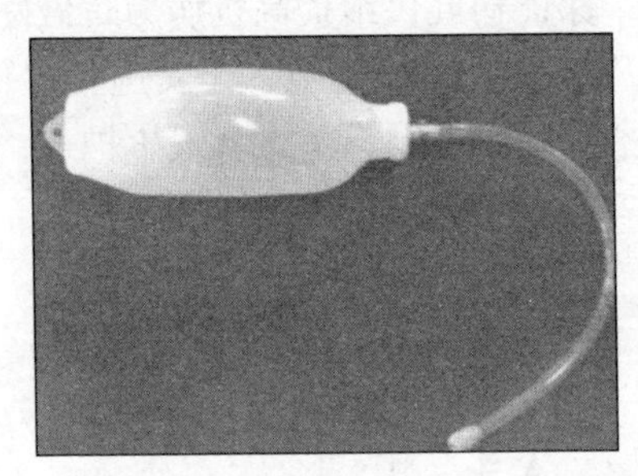

图8-1 初乳灌服器

(3) 在缺硒地区，可在犊牛出生后1～3天注射亚硒酸钠维生素E合剂2～3毫升；体弱、缺钙犊牛，可肌肉注射维丁胶钙。初生犊牛群存在可疑感染如腹泻、肺炎等病例时，可注射胸腺肽，以提高机体免疫力。

(4) 犊牛舍应提供清洁温水。当犊牛出现腹泻时，应在温水中添加多种维生素、电解质营养液，防止脱水。

(5) 犊牛1周龄后，要训练采食优质干草和犊牛料，逐步加大采食量，以锻炼瘤胃机能。

(6) 饲喂犊牛应固定人员，定时、定温、定量。坚决摒弃用乳房炎牛乳加抗生素饲喂犊牛的做法。

4. 健康检查

(1) 奶牛场应配备和固定有经验的产房及犊牛舍专门饲养人员。值班室应备有常用的接产器械、常用药品、消毒剂、保健剂及诊疗器械等。

(2) 牛场兽医、产房及犊牛舍工作人员应每天两次观察犊牛的健康状况，重点检查精神、哺乳、腹围大小、站卧姿势和粪便状况。必要时，测量体温、听诊肺部、检查口鼻黏膜及关节情况，并逐日逐头做好记录。

(3) 对于有脐炎、肺炎、腹泻及关节炎的犊牛，应及时采取抗生素治疗及补充电解质溶液。出现可疑传染病时，应在隔离下进行治疗，并做好全面消毒；同时，上报牛场兽医主管和场领导，采集样品送检诊断。

5. 药物防治 根据各牛场犊牛常发疾病种类及发病特点，选用有效药物进行针对性、目标性、预防性投药。应在吃初乳后第三天口服给药，防止过早使用抗菌药物引起犊牛消化道菌群失调。药物选用及投药方法见“犊牛主要疾病防治技术要点”。

6. 免疫接种 当牛场犊牛出现某种传染病发生或流行时，为了建立犊牛群体特异性抵抗力，可在确诊前提下采用针对性疫苗给产前母牛免疫接种，初生犊牛通过初乳获得被动免疫保护。具体方法参见“犊牛主要疾病防治技术要点”。

三、犊牛主要疾病防治技术要点

1. 犊牛大肠杆菌性痢疾（犊牛白痢）

（1）病原。由一定血清型肠致病性大肠杆菌引起，常见的血清型为O_8、O_9、O_{101}，可产生肠毒素。

（2）主要特征。①多发生于1～2周龄的犊牛，可表现为体温升高（40.5℃）。严重的腹泻，初期为黄色，灰白色糊状；后期为水样，带黏液、气泡。一般病程为1～3天，多由于脱水死亡。剖检一般无特征。②主要通过消化道传染，母牛患大肠杆菌性乳房炎或乳头被细菌污染时经口传播给犊牛，与是否吃上初乳无关。③牛舍卫生条件、环境变化与本病的发生密切相关。

（3）诊断。从死亡的犊牛小肠中分离到光滑性、黏性的大肠杆菌时即可确诊。

（4）控制。①初生2～3天口服硫酸新霉素、环丙沙星，连用3～5天，可防止本病发生。②病犊停喂初乳，更换加有抗生素、维生素、电解质的奶粉或代乳粉。③及时由静脉、腹腔补液。每天1 000～2 000毫升复方氯化钠溶液，配以维生素C、维生素B_1、5%碳酸氢钠和地塞米松等。④灌服补液盐（氯化钠3.5克、氯化钾1.5克、碳酸氢钠2.5克、葡萄糖20克，加常水1 000毫升）；口服乳酸菌素片、微生态活菌制剂，通过调整肠道菌群平衡、抑制病原菌的生长繁殖达到防治的作用。但在使用活菌制剂时，不能使用抗菌药物。⑤加强饲养管理，特别要改善产房和犊牛舍的卫生与环境条件。气温适宜时，将犊牛转入舍外可降低发病率，并加强产后乳房的消毒及犊牛的护理。

2. 犊牛大肠杆菌性败血症 犊牛大肠杆菌性败血症是规模化奶牛场新生犊牛腹泻及造成犊牛死亡的重要疾病之一。

（1）病原。由产毒性大肠杆菌引起，常见血清型为O_{78}：K_{80}、O_{15}、O_{86}、

O_{115}等。其中，以O_{78}为最多发。可产生耐热肠毒素（ST）和不耐热肠毒素（LT）两种肠毒素，多数为β溶血。在麦康凯琼脂上呈红色、光滑、黏性菌落。采用兔体肠结扎或PCR可测定不耐热肠毒素。多数致病菌含有K_{99}、F_{41}菌毛。

经对新疆北疆14个规模化奶牛场1～10日龄新生犊牛腹泻及死亡犊牛大肠杆菌的调查，分离株O血清型以O_{101}、O_{114}、O_{78}和O_{6}为优势血清型，多数分离株携带F_{41}和K_{99}菌毛，产耐热肠毒素和溶血素，并从表现腹泻和神经症状（图8-2）死亡犊牛的脑组织中分离获得O_{161}血清型致病性大肠杆菌。

图8-2 出生1周犊牛患大肠杆菌性脑炎，死前表现角弓反张

（2）主要特征。①多发生于初生1周内的犊牛，以2～3日龄较多。多数在出现精神沉郁、体温升高后迅速虚弱，1～3天内死亡。病程稍长者，可见腹泻、跛行、低头呆立和脑炎症状。②通过口腔及鼻黏膜感染，多数与未吃上初乳或初乳中免疫球蛋白含量低有关（低γ球蛋白血症）。③母牛怀孕后期，饲料中蛋白质、钙、维生素A缺乏以及母乳质量差可诱发本病。④剖检：心包积液，心外膜出血，关节肿大、有浆液性纤维蛋白渗出物，脑膜充血（图8-3、图8-4），小肠内容物呈水样茶色，肠系膜淋巴结水肿，有时可见出血。

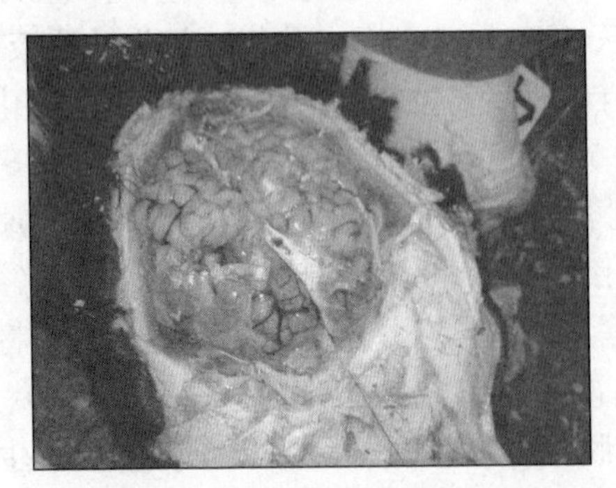

图8-3 死亡犊牛脑膜严重出血

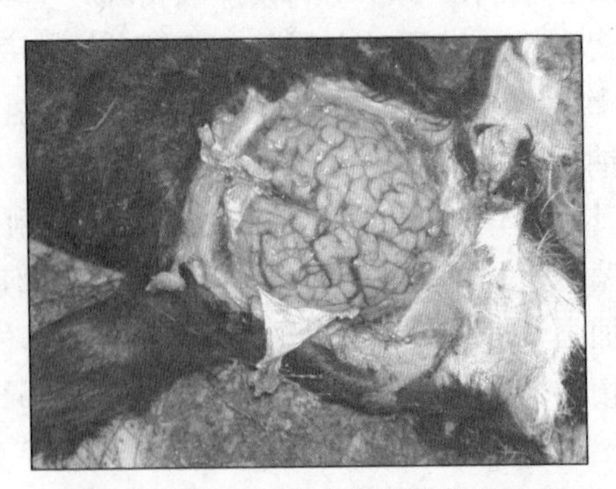

图8-4 死亡犊牛大脑弥漫性出血

（3）诊断。从肠淋巴结可分离到纯的大肠杆菌，出现β溶血，分离株可致死小鼠。兔体肠结扎或PCR检测不耐热肠毒素阳性，必要时鉴定血清型。

（4）控制。①产犊前做好产房环境消毒，铺设干净垫草，设立犊牛舍。产前6～8周，给母牛补充维生素A、维生素E，及时干奶。②尽早吃上足量初乳是控制本病的先决条件。产后2小时内，人工灌服第一次挤出的初乳2～3千克；12小时内灌服2次，总量不少于6千克。初乳应温热后再喂，每头犊牛用1只奶桶，每次用后彻底清洗，保持犊牛舍卫生。③免疫防治：采用自发病犊牛小肠内容物或肠系膜淋巴结分离并鉴定的大肠杆菌制备自家灭活菌苗，或采用含有K_{99}、F_{41}菌毛抗原的菌株制备的犊牛大肠杆菌灭活油佐剂菌苗（本课题组研制），给母牛产前2～4周免疫1～2次，每次肌肉注射4～5毫升（含菌数400亿～500亿），犊牛通过初乳获得抗大肠杆菌抗体的天然被动免疫保护；也可将免疫母牛的血清或初乳乳清给犊牛注射或口服，使犊牛获得人工被动免疫保护。

（5）鉴别诊断。

犊牛副伤寒（肠炎型）：由沙门氏菌引起，主要发生于1～2月龄犊牛，以发热、糊状下痢、脾肿大、大肠黏膜坏死为特征。

犊牛梭菌性肠炎：由B型、C型、D型魏氏梭菌引起的一种肠毒血症。3周龄以下犊牛主要由B型、C型引起，其特征是灰绿色的腹泻粪便带血，肠系膜淋巴结肿大，小肠出血与黏膜坏死；D型主要引起4周龄以上犊牛的急性死亡，以神经症状及肾软化为特征。

犊牛轮状病毒性腹泻：多发生于1周龄内的犊牛，主要表现为厌食、呕吐、水泻和体重减轻。如及时补液，常不发生死亡。

犊牛球虫病：由多种球虫感染引起，多发生于3～8周龄犊牛，临床上以排出恶臭血痢及肠道黏膜出血、溃疡、坏死为特征。取直肠黏膜刮取物涂片镜检，可发现大量球虫卵囊。一般死亡率较低。

犊牛冬痢：又称“黑痢”，由空肠弯杆菌引起，主要发生于秋、冬季节，大小牛均可感染，但成年牛病情较重。临床上以排棕色水样稀便和出血性下痢为特征，发病率高，但全身症状较轻，很少死亡。

3. 犊牛肠球菌感染　该病是由粪肠球菌及屎肠球菌感染引起3月龄以内犊牛的一种急性、败血性、散发性传染病。2010年以来，新疆北疆部分规模化牛场发生多起由肠球菌感染引起的犊牛脑炎、肺炎及败血症死亡病例，经病原学诊断为肠球菌感染所致。

（1）病原特点。致病性肠球菌分离株为革兰氏阳性、短链或成双排列，在病料中常带荚膜，在鲜血琼脂上呈α溶血，可致死小鼠，对多种抗生素耐药。健康犊牛的上呼吸道可带菌。

（2）主要特征。①多发于1月龄内犊牛。临床表现为体温升高，高度呼吸困难，不愿吮乳，低头呆立，共济失调，全身痉挛，后躯瘫痪，死前常出现惊叫、四肢划动、角弓反张等神经症状。多数在发病后1～2天死亡。稍长者可表现关节肿大、流脓性鼻液、咳嗽、支气管啰音、下痢等。②主要通过消化道和呼吸道感染，犊牛舍通风不良、卫生较差、受冷风刺激、湿度过大、大量使用抗生素、营养缺乏及犊牛发生腹泻时常诱发本病。常与大肠杆菌混合感染。③剖检：可见脾脏显著肿大，全身淋巴结水肿、肾水肿、肺纤维素性坏死。个别发病犊牛膝关节炎性肿大，脑膜充血、出血。

（3）诊断。当犊牛中出现体温升高，呼吸困难并伴有脑炎症状，剖检脾脏肿大时，可怀疑本病。无菌取脾脏、肝、心血涂片瑞氏染色镜检，发现有带荚膜成双或短链排列的球菌时可初诊，进一步确诊需进行细菌分离鉴定。

（4）防治。①改善饲养环境，消除发病诱因，避免滥用抗生素。②及时足量供给初乳，延长母乳饲喂时间，杜绝饲喂患有乳房炎奶牛的乳汁，严格消毒灌奶器具，合理应用安全的微生态活菌制剂。③发病早期，采用阿奇霉素10毫克/千克肌肉注射、恩诺沙星5毫克/千克肌肉注射，或与磺胺嘧啶钠、5%葡萄糖生理盐水静脉注射，可控制病情。但由于病程短，多数来不及治疗而死亡。

（5）鉴别诊断。该病应与犊牛副伤寒、牛传染性鼻气管炎、犊牛巴氏杆菌病、牛支原体肺炎相区别。

4. 牛传染性鼻气管炎　该病是由疱疹病毒Ⅰ型经呼吸道或子宫内感染，可引起新生犊牛的脑膜脑炎、口腔黏膜坏死。以15日龄以内犊牛易感，病死率高。病犊表现为体温升高（40℃以上），鼻镜、鼻腔黏膜发炎、潮红，又称“红鼻子”病，鼻腔黏膜、齿龈及舌面可见白色坏死斑点。病犊表现呼吸困难、共济失调、沉郁或惊厥，死前四肢划动、角弓反张，病程较短。采用抗菌药物治疗无效。确诊时，可采取口腔和鼻腔黏膜坏死灶刮取物，经双抗体夹心ELISA检测病毒抗原或采用聚合酶链式反应（PCR）检测病毒核酸。本病常与牛病毒性腹泻—黏膜病和致病性大肠杆菌混合感染。

本病目前尚无商品疫苗。

5. 犊牛支原体肺炎及关节炎　该病是牛支原体由呼吸道及污染的乳汁经消化道感染引起犊牛的一种新发传染病。我国于2008年首次报道肉牛的确诊病例。2010年以来，本病在新疆多个规模化养牛场暴发，造成犊牛大批死亡。

经调查确定，新疆大部分奶牛场均存在牛支原体感染，该病已成为危害奶牛场犊牛健康的高发疾病之一。

（1）病原。牛支原体，革兰氏阴性多形性，多呈球状和短丝状，在专用固体培养基上形成典型的“煎蛋状”（图 8-5）。通常存在于牛的呼吸道、生殖道及乳腺中，其致病性仅次于丝状支原体丝状亚种，可引起奶牛乳腺炎；犊牛感染后，引起传染性坏死性肺炎、关节炎及角膜结膜炎。

（2）主要特征。①经流行病学调查及临床观察，本病主要发生于 6 月龄内犊牛，以 15～25 日龄发病率最高，最早可见于初生 1～3 天的犊牛。病犊表现为体温升高（40℃左右）或正常，起初轻度咳喘、后期呈现剧烈咳喘，腹式呼吸（图 8-6），全身消瘦，病程 5～15 天，同舍犊牛约 10%出现一侧或两侧膝关节炎性肿大（图 8-7）。发病率较高，但病死率较低。但当发生其他病原如巴氏杆菌、链球菌继发感染或混合感染时，其病死率明显升高，可达到 40%。②在新疆地区本病多发于秋末春初，早晚温差较大及寒冷季节，圈舍湿度过大、通风不良是造成本病的主要诱因，5～9 月间发病率明显下降。但在 2014 年 8 月炎热季节，南疆某规模化肉牛场暴发此病，经牛支原体分离及 PCR 确诊，说明炎热季节高温应激也可诱发本病。③主要通过呼吸道及食入患牛支原体乳房炎母牛带菌的乳汁经消化道感染，已证实可经子宫内感染。初生犊牛饲喂患有乳房炎奶牛混合乳汁及奶具不固定、消毒不严是传播本病的主要因素。④剖检：主要表现肺脏病变，可见胸腔积液、纤维素性渗出，肺呈明显的肝

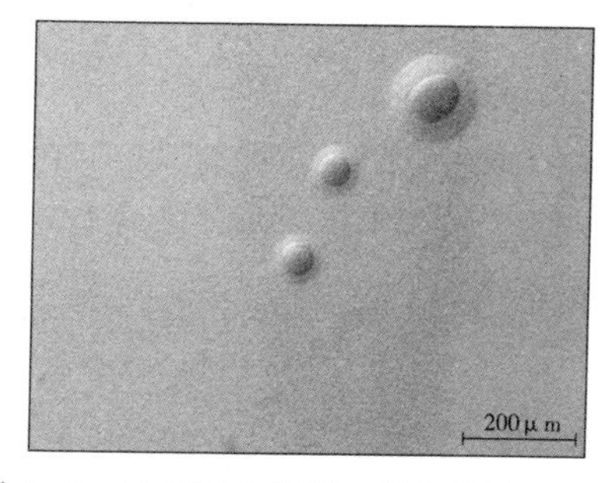

图 8-5　牛支原体菌落，呈草帽状（40×）

图 8-6　犊牛表现腹式呼吸

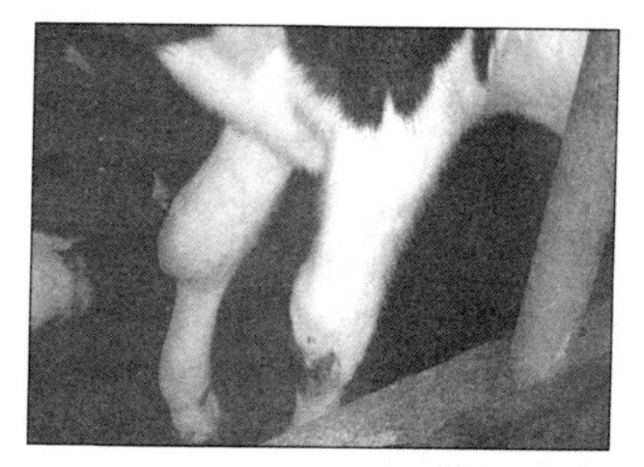
图 8-7　犊牛关节肿大

变、肉变及实变，严重时肺尖叶出血，多数病例肺脏表现干酪样坏死（图 8-8）、局限性化脓灶及坏死（图 8-9），肺表面与心包、胸膜粘连，肺门淋巴结肿大出血。患膝关节肿大的犊牛，切开病变关节后流出淡黄色浆液性或灰白色脓性渗出物。

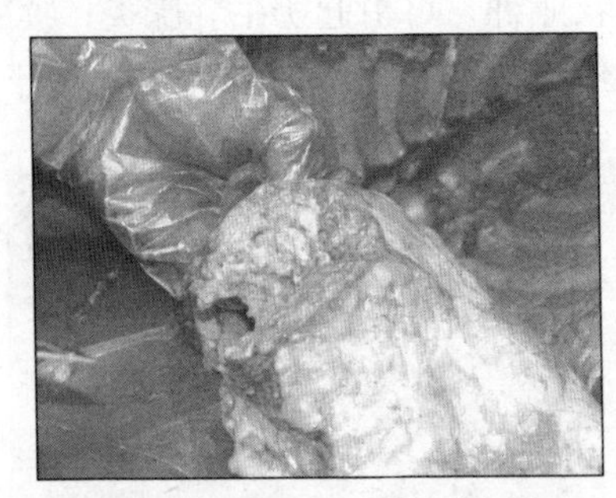

图 8-8　死亡犊牛肺脏干酪样坏死

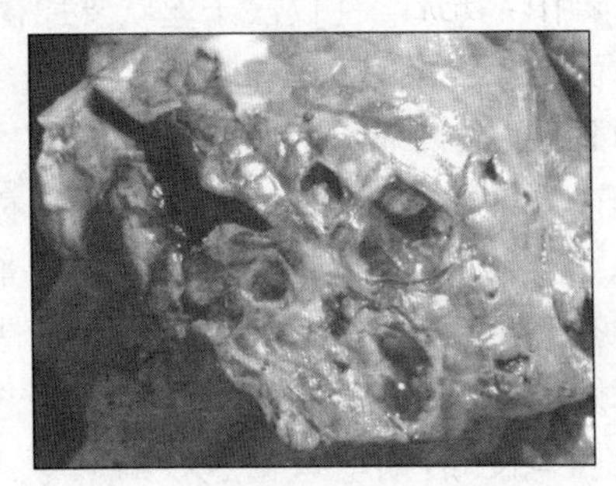

图 8-9　死亡犊牛肺脏化脓性坏死

（3）诊断。通过采用 ELISA 检测患犊血清特异性抗体，可作为本病存在感染的指标。经肺组织牛支原体的分离培养、免疫酶组织化学法及特异性引物介导的 PCR 鉴定可确诊。

（4）防治。①保持犊牛舍环境卫生，做好保暖通风，减少环境应激；防止患乳房炎的母乳或可疑感染牛的母乳饲喂犊牛，提供健康母乳；固定犊牛奶具，防止交叉感染，是防止本病的前提。②目前，国内尚无用于预防牛支原体肺炎的商品化疫苗。发病牛场可采用牛支原体自家灭活组织苗给犊牛出生后 1～2 天免疫一次，肌肉注射 3 毫升，间隔 10 天按相同剂量注射第二次，具有一定预防效果；采用牛支原体灭活油佐剂苗或氢氧化铝佐剂苗（本课题组研制）给产前 2～4 周怀孕母牛免疫注射 2 次，间隔 2 周，每头每次肌肉注射 2.5～3 毫升，犊牛通过初乳获得被动免疫保护，可使新生犊牛的发病率明显降低。如果给犊牛免疫，可在 10 日龄时首免，每头肌肉注射 2.5 毫升，间隔 2 周再免疫 1 次。③为早期药物预防本病，可在犊牛出生后 2～3 天，在饮水或乳汁中加入泰乐菌素或恩诺沙星，每天 1 次，连用 3 天。发病犊牛可用头孢噻呋 2.2 毫克/千克、阿奇霉素 10 毫克/千克，每天 1 次，肌肉注射；或替米考星 10 毫克/千克，皮下注射；或氟苯尼考 20 毫克/千克，肌肉注射，每 48 小时一次。可选用 1～2 种药物联合使用或交替使用，疗程为 5～7 天。采用抗牛支原体高免卵黄抗体制剂结合抗生素进行早期预防，与治疗具有明显效果。静脉注射时，为防止不同药物可能出现的化学反应及配伍禁忌，尽可能采用人用塑料分液输液袋，并且分组输液治疗。④常发奶牛场在犊牛出生 1～3 天一次性注射亚硒酸钠—维生素 E 注射液 2～3 毫升；维丁胶钙注射液 2 毫升；每天口服维生素 C300 毫克（加入乳中），以提高抗病力。

6. 犊牛巴氏杆菌性肺炎 2007 年以来，在新疆多个规模化奶牛场 1～2 月龄犊牛群中，先后发生以急性肺炎及败血症为主要特征的病例，病死率高，呈地方性流行，经本课题组病原学及分子生物学诊断为荚膜血清 A 型多杀性巴氏杆菌感染。

（1）病原特点。荚膜血清 A 型多杀性巴氏杆菌多杀亚种，革兰氏阴性小杆菌，不溶血，在肺组织涂片瑞氏染色镜检呈带荚膜的两极浓染菌体，分离株接种小鼠、家兔后可致其迅速死亡，部分健康犊牛咽部可带菌。

（2）临床特征。①本病发生常有诱发因素，如气温变化、运输、圈舍潮湿、通风不良等，但多数感染为继发性。当犊牛群存在原发性牛支原体感染、大肠杆菌感染造成抵抗力下降时，常引起巴氏杆菌继发感染或混合感染，导致犊牛的病死率增高。②潜伏期 1～3 天，最急性者在出现症状后 6～24 小时死亡。急性病例主要表现为高热（41.5～42℃），呼吸加快，眼结膜发绀，咳嗽，流黏性鼻液，肌肉震颤，多于 1～3 天死亡。3 周龄以下犊牛常表现败血症，3 周龄以上犊牛以肺炎症状为主。剖检变化以出血性肺炎和纤维素性胸膜炎、心包炎为特征。肝肿大，表面有黄白色坏死点，肠系膜淋巴结肿大出血，心外膜出血，脾脏不肿大。

（3）诊断。通过查找确定具有影响本病发生的诱因，临床表现、高热、呼吸困难、肺出血性变化，脾不肿大及病程短，可初步诊断。确诊时，可从心血、肝、肺组织涂片瑞氏染色镜检，发现大量两极浓染的球杆菌时可确诊。必要时，将病料接种于鲜血琼脂平板分离培养与鉴定。

（4）防治。①查明并消除发病诱因，控制原发性感染是防止本病发生的首要措施。②本病目前尚无商品化菌苗，市售的牛出血性败血症灭活菌苗因其血清型不同，无交叉免疫保护作用。常发牛场可采用从发病犊牛体内分离并鉴定的巴氏杆菌制备灭活氢氧化铝佐剂菌苗（本课题组已研制并应用）给犊牛免疫接种，首次免疫在出生 7～10 天，每头 3 毫升（约 150 亿菌），肌肉注射。2 周后，以相同剂量与方法第二次免疫，可获得良好的免疫效果。采用抗犊牛荚膜血清 A 型和牛支原体二联高免卵黄抗体制剂（本课题组研制）对犊牛进行预防和早期治疗，可减少病死率。③犊牛群发生可疑本病时，可经乳汁或饮水全群投服恩诺沙星或环丙沙星等肠道易吸收的广谱抗菌药，每天 1 次（全天量），连用 5 天，可显著降低病死率。对患病犊牛，可采用氟苯尼考或庆大霉素注射液治疗。但本病发病快、病程短，治疗效果不佳，如能与抗血清或高免卵黄抗体同时使用可提高疗效。

7. 牛病毒性腹泻—黏膜病

（1）病原。牛病毒性腹泻—黏膜病病毒，与猪瘟病毒同属于黄病毒科瘟病毒属，二者具有共同抗原，可产生交叉免疫反应。

（2）主要特征。①各种年龄的牛都易感，以6～18月龄的青年牛病死率最高，散发性牛场多呈隐性感染，新发牛场发病率不高，但病死率高。②可通过消化道、呼吸道及生殖道等多种途径感染。③潜伏期6～14天，主要表现发热（40～42℃），持续性腹泻，口鼻腔流出浆液性分泌物，多数病牛出现跛行，病程1～2周；剖检可见口腔、食道、皱胃黏膜、盲肠和结肠黏膜出血性、溃疡性、坏死性病变（图8-10～图8-11）。

图8-10　犊牛舌底面及峡部等黏膜糜烂

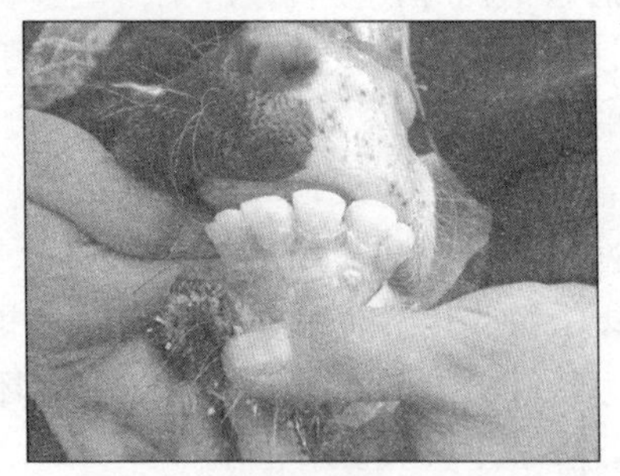

图8-11　犊牛齿龈黏膜溃疡

（3）诊断。根据发病年龄及病死率、发热、腹泻、黏膜溃疡，可做出初步诊断。确诊应采集口鼻分泌物、胃肠黏膜刮取物及发热期的血液分离病毒、病毒核酸RT-PCR检测、双抗体夹心ELISA检测抗原等方法进行。

（4）防治。发病牛场可采用弱毒苗或猪瘟疫苗给易感日龄犊牛进行免疫接种，后者已在临床实践中证明有效。发病牛可采取止泻、补液、强心等对症治疗，采用抗菌药物防止细菌性继发感染。

第九章　奶牛场疾病现场调查与诊断

对奶牛生产者来说，当牛场陆续出现犊牛死亡、母牛屡配不孕、怀孕母牛流产等问题时，最先期盼的是兽医人员、企业技术服务人员或咨询专家能够通过现场调查与检查，在短时间内做出初步结论，指出奶牛可能发生的是什么病？是何种原因引起奶牛发病或生产性能的下降？需要采取什么措施，预后如何？兽医专家在解答上述问题或得出初步结论前，首先需要对现场发病情况及可能影响发病的因素展开系统调查，其目的是从不同的角度获得有诊断价值和意义的信息。

近年来，随着信息科学的不断发展，通过网络专家咨询与计算机辅助诊断技术来进行远程兽医诊断也应运而生。但此项技术的发展进程缓慢，举步艰难，发挥作用不大。其主要原因是，为咨询专家或计算机系统提供信息的人员受专业知识和现场观察技能的限制，提供的现场信息常带有片面性或主观性，以致专家提供的初步结果缺乏针对性。因此，奶牛场的兽医人员、技术员或是专为奶牛业提供售后技术服务的兽药、饲料企业的技术人员，有必要熟悉和掌握养殖场动物疫病现场调查与诊断的知识与技术，以便提供更好的兽医服务。

现场调查与诊断包括疾病现状调查、临床检查及取样，在奶牛疾病诊断中占有重要的地位。在现今的规模化奶牛生产中，奶牛的健康与疾病面临的问题日趋复杂，由于某些病原体、营养、环境、管理及潜在的遗传病等多种因素的影响，尤其是多因素联合致病、多病原体多重感染及免疫抑制性疾病的增多，导致奶牛在短时间内生产性能下降和疾病的不断发生。这不仅给疾病的确诊带来较大难度，而且也给兽医工作者带来心理负担。要查明畜群多因素致病及生产性能下降的原因，要比诊断某种由单一病原引起的症状明显、病变典型的疫病更为困难。因此，熟悉和掌握奶牛疾病的现场调查与诊断技术是规模化奶牛场兽医保健工作的重要内容。通过全面系统的现场调查，不仅可查明奶牛某种疾病发生及影响因素并及时加以纠正，还可较客观地评价奶牛群体健康状况及兽医卫生管理的成效。同时，也可为疾病预测及风险评估提供必要的现场流行病学数据。本章将以规模化奶牛场不孕症、犊牛死亡及怀孕牛流产为例，简述奶牛疾病现场调查与诊断的方法与内容。

一、奶牛场疾病现场调查与诊断方法

1. 现场询问与观察 包括牛群的组成、数量、牛只的来源、牛场布局、各类牛舍及运动场设施与条件；饲草料的组成：储存、来源、加工及质量；饮水设施及水质、水源；粪便与尸体处理及消毒设施；兽医室及兽药存放条件；挤奶厅及卫生状况；饲养人员来源及健康状况等。在对上述项目询问与观察的基础上，对可能存在与疾病发生相关疑点进行重点查看，并从不同角度询问饲养人员、配种员及兽医人员对奶牛发病或生产性能下降的意见，以便得到不同信息。

2. 查阅相关资料 包括生产记录（产奶、产犊）、免疫和检疫档案、用药记录、饲草配方、死淘记录等。

3. 牛只检查 包括临床检查、病死牛剖检。

4. 采样 根据现场调查与临床检查所获得的初步结果，有针对性地采供实验室诊断的样品。

二、疾病的现场调查与诊断要点

1. 发病现况调查（现场流行病学调查）

（1）现状调查，包括发病牛的年龄、数量、体况，近期是否新引入牛只，奶牛隔离饲养情况、发病时间、周边牛场近期有无同类疾病发生等，以查明可能的易感犊牛及可能的传染源。

（2）病史调查，包括首发病例及群发病例出现的间隔时间（推断潜伏期）、病牛从发病到死亡的持续时间（推断其病程）、发病率与病死率、最初发病犊牛的主要临床症状与剖检变化、以往有无同类病例发生、最初诊断方法与结果、曾采取何种措施、效果如何，以了解其发病特点。

（3）发病犊牛的环境与设施调查，包括产房、犊牛舍的条件、犊牛密度、温度、通风、光照、湿度、垫草及地面卫生状况、供水等，以查明其不良环境对犊牛的应激。

（4）犊牛饲喂情况调查，包括初生犊牛初乳供给时间与数量、母乳与犊牛哺乳是否对应、是否采用混合母乳、每头犊牛奶具是否固定、奶具消毒情况、母乳饲喂程序、常乳的质量等，以查明是否存在母乳传播或奶具传播的可能。

（5）怀孕母牛的健康状况，包括在妊娠期是否患乳房炎、蹄炎、肺炎、腹泻及全身性感染；是否流产及流产比例、时间，产后是否有胎衣不下及比例，以查明有无传染性或营养性繁殖因素；犊牛初生重及健康状况，以查明是否存在胚胎感染或经乳感染，如犊牛支原体肺炎、病毒性腹泻—黏膜病等。

（6）疫苗免疫情况，包括怀孕母牛免疫的疫苗种类、时间、疫苗来源、保存条件、接种方法及接种后的反应。

（7）药物使用情况，主要指犊牛发病前后曾采用哪些药物进行预防与治疗，用药时间、剂量、方法、疗程及效果等。

（8）消毒状况调查，主要指产房及犊牛舍的消毒，包括消毒药物的种类、消毒方法及消毒效果检测。

（9）气候变化情况调查，包括犊牛发病前后一周内有无异常气候变化，如降温、寒流、大风、炎热等。

2. 现场临床检查 认真细致的现场临床检查可为疾病的诊断提供有力的证据。临床检查是疾病现场诊断的重要内容，是兽医专家的专业知识、业务技能和临床经验的综合体现，是对现场调查信息的进一步验证，也是实验室样本采集、检验方法的选择及分析检验结果的重要依据。

患病犊牛的临床症状检查主要包括观察患病犊牛的站立、行走与躺卧的姿势、精神、体温、呼吸、可视黏膜（眼结膜、口腔黏膜、鼻黏膜）与分泌物，粪便的性质与色泽，皮肤、被毛、关节与蹄（趾）部的异常。必要时，还需进行听诊、叩诊和触诊检查。

3. 病死牛的病理剖检

（1）尸体外表特征，重点观察：①死亡犊牛的体况（消瘦或肥壮）；②可视黏膜颜色及口鼻分泌物性状；③死亡犊牛的体势，有无角弓反张，判断是否有中毒性及急性败血性疾病。

（2）内脏器官检查，重点观察：①肝脏是否肿大、坏死，胆囊是否肿大及胆汁的色泽、性状；②脾脏是否肿大、梗死，淋巴结有无肿大、出血，判断是否为链球菌病、附红细胞体病；③胸腔是否积液及液体的性状，心包膜是否出血，心包是否积液，肺脏是否有出血、肝变、肉变、实变及化脓灶，胸膜是否粘连，判断是否为巴氏杆菌、牛支原体感染；④胃肠内容物是否充盈及食物性状、气味，胃肠黏膜是否有出血、黏膜脱落、坏死或增厚，判断是否为乳酸性酸中毒、病毒性腹泻—黏膜病；⑤检查脑部中脑脊液是否增多，大脑表面有无充血、出血、坏死点，判断有无神经型牛鼻气管炎、李斯特菌性脑炎及链球菌性脑炎。

4. 现场病料的采集及生物安全防护 采集可疑病原材料是从事兽医实验

室检测、诊断及科学研究的前提与基本要素。正确的采样方法和操作程序不仅直接关系到病料实验室检测的准确性，同时也可减少传染性病料在采样中的污染及对采样人员可能造成的感染风险。

（1）病料采集的目的。①未知病原材料的检测——疫病实验室诊断；②目标性病料的检测——流行病学的调查、免疫抗体检测。

（2）病料采集的原则。①掌握被采集动物的现场流行病学资料与临床背景；②无菌操作；③个人防护；④器材、尸体、环境的消毒。

（3）病料采集的操作程序。

流行病学调查：采样前，首先进行现场流行病学调查或询问，重点是病史、临床症状、免疫、用药、饲料。查阅相关文献，了解相关背景知识。

采样前准备：①准备消毒液、防护服、鞋套、采样器具、记号笔；②剖检及采样场地远离畜群、避风，易于处理尸体；③检查采样者手指有无伤口，并戴一次性消毒手套。

无菌剖检与采样：以牛、羊为例，尸体外表检查→剥离皮肤→消毒肌肉与腹膜→肝、脾、肾→肠系膜淋巴结→病变肠管（结扎取样）→胸腔→心、肺、气管→喉头→扁桃体→脑。

病料保存和记录：按常规检测目的，分别保存、标记。

采样过程的消毒及尸体处理：①采样器械酒精火焰消毒或消毒水浸泡、洗涤；②尸体、垫布装入防渗袋运往指定地点深埋或焚烧，剖检地方采用消毒液浸泡后冲洗。

（4）现场剖检与病料采集应注意的问题：①必须在充分了解动物病史、流行病学与临床症状基础上进行有目的、有重点的剖检和病料采集；②了解动物疾病可能对人、畜及环境带来的污染、感染或扩散风险；③严格无菌操作程序，但病料表面不易过度烧络，防止温度过高杀死目的病原，关键是器械的消毒；④采样应与剖检观察相结合，先有针对性地无菌采集具有病变的组织，再进行详细观察，以全面了解疾病的病理特征，有助于实验室诊断；⑤采样中生物安全重点是采样者的手臂、鞋、采样器械污染及气溶胶黏膜感染，应重点防护，必要时穿戴防护服。

（5）采样的种类及其用途。根据疾病种类、性质、病原体或抗原抗体存在的部位及检测目的，采集不同的病料。

血清及血液样本：血清样品常采用颈静脉采血，分离血清后送检，全血则需加抗凝剂。血清主要用于检测血清中可能存在感染性抗体或抗原；血液样品主要用于检测全身性感染或处于病毒血症、菌血症时分离病原，或采用聚合酶链式反应（PCR）检测其核酸；采集出生犊牛的脐带血或未吃初乳的刚出生犊牛静脉血，分离血清。用于检测抗体，以查明有无垂直传播。

乳汁：包括初乳和混合母乳。主要用于检测乳中可能存在的病原体，查明是否通过乳汁传播疾病。乳样采集时，应先清洗并消毒乳头及采集者的手臂，挤出前三把奶后取样。

口、鼻、直肠、生殖道分泌物棉拭：用于活体样品中病原体的分离、抗原及核酸的检测。采用灭菌棉棒从深部黏膜表面粘取分泌物，置于灭菌生理盐水或甘油生理盐水中冷藏送检。

胃肠内容物、肠系膜淋巴结、肠黏膜病料：主要用于犊牛腹泻、中毒性疾病、检测样品中细菌、病毒抗原、病毒核酸、真菌毒素、有毒物质及肠黏膜病理组织学变化。无菌取有病变的小肠 10～15 厘米，两端将内容物集中后结扎，置于无菌采样袋中。动物感染及组织灭活材料。

肝、脾、淋巴结、肾、肺、心血、脑组织的样品：用于某些全身性感染、败血症、急性死亡病例，检测样品中的病原体、抗原或核酸。按顺序无菌采集有病变部位组织（2～3 厘米^2）置于灭菌平皿或采样袋中；心血、胸腔、腹腔及脑积液可用无菌滴管或注射器抽取。用于病理切片检查的上述病料则保存于10％福尔马林中。

关节液样品：用于检测由病原体如大肠杆菌、沙门氏菌、棒状杆菌、化脓性链球菌、支原体引起的犊牛关节炎。对表现关节肿大的犊牛，可选未破溃的病患关节，表面剪毛消毒后，用 5～10 毫升一次性注射器抽取无菌生理盐水或营养肉汤 3～4 毫升，注入关节腔内，挤压关节后抽取液体（1～2 毫升）注入灭菌试管中待检。

（6）病料的保存、运送和背景资料的记录。①所有采集的病料，必须在容器上用记号笔注明病料来源、动物名称、病料组织、采样时间，并填写采样单或记录。②各类组织病料采集后，应置于盛有足够冰块的保温冷藏箱中，在24 小时内送抵实验室。如不能当天送抵的样品可先在 4℃冰箱过夜，并于第二天内送抵。不能按期送检的病料，可置于－85℃超低温冰箱保存。③用于细菌、支原体检测的棉拭子，可在 4℃保存不超过 72 小时；用于检测抗体的血清样品，可在 4℃保存不超过 7 天；供组织学检测的标本或样品，不能常温冷藏或冷冻。④送检病料时，应附采样单、动物发病的现场调查简要报告。

属于下列情况时病料样品为不合格，并失去诊断价值：一是供细菌、支原体分离的病料已在非－85℃条件下冻结保存过；二是病料因冷藏温度不当已出现腐败现象或超过其保存时间；三是送检病料因容器破裂而污染或容器未经灭菌处理的病料；四是无任何标记的病料；五是供病毒分离的病料未按要求在－85℃或液氮中保存。

三、规模化奶牛场结核病与布鲁氏菌病的现场调查

结核病与布鲁氏菌病是两种重要的人畜共患传染病。近年来，随着奶牛养殖数量的不断增多、奶牛交易和流动频繁、检疫不严或只检不杀，致使牛群中阳性牛只出现回升趋势。部分牛场引起“两病”的暴发流行，给养牛业、乳制品卫生安全及人类健康带来隐患和威胁。然而，“两病”防治工作是一项集技术与管理为一体的系统工程，除严格按照有关防治技术规范采取检疫、隔离、免疫、消毒、阳性牛的扑杀等综合性防制措施外，还要重视开展对阳性牛群和发病牛群的现场流行病学调查，以查明可能的传染源、传播途径、影响传染的因素及造成易感动物感染的可能原因，为制定有针对性的防控措施提供流行病学依据。

1. 结核病调查与分析 当牛群在 8 个月内两次检疫陆续出现结核菌素（PPD）阳性牛只，且有逐步增加趋势时，该牛群应视为“问题牛群”。

（1）在一个调查确定没有结核病例的牛群中出现 PPD 阳性牛只时，其可能的原因：①牛场中有开放性结核病人，且有与牛只接触史；②外表健康但能够排菌的牛结核感染牛，尤其是乳房结核及病变较轻的肺结核；③牛群中有禽结核感染或副结核感染牛只；④有引进可疑感染牛的背景；⑤犊牛食入被结核杆菌污染的未加热处理的牛乳；⑥密集饲养的舍饲高产奶牛，舍内通风不良，卫生较差，消毒不当，造成牛只抵抗力下降时；⑦由于结核菌素检疫操作不当，感染牛未检出或存在非特异性反应。

（2）针对上述问题可以采取以下措施：①对牛场与牛只频繁接触的人员进行体检，尤其对新进牛场的饲养人员；②对 PPD 强阳性牛进行扑杀，剖检其肺、乳房有无结核病变，并取可疑结节病料送检进行细菌学检查，通常 PPD 反应与出现病变及细菌检出是一致的；③对弱阳性可疑或非特异性反应的牛只，在间隔 60 天后分别用牛结核菌素和禽结核菌素复检；④对 PPD 阳性的同群牛只乳样进行细菌学检测，尤其是可疑乳房炎的患牛，只要乳中有结核杆菌存在，乳房总归会出现结核病变，尽管只是粟粒性分布；⑤检查 PPD 阳性的同群牛只有无副结核病例，如发现有顽固性腹泻、体表淋巴结肿大、消瘦病例时，可采用禽结核菌素检疫，阳性者应及时淘汰处理；⑥严格犊牛饲喂制度，杜绝将患乳房炎的母乳或混合乳饲喂犊牛，混合常乳应加热处理，乳具应消毒

处理；⑦引进、合并牛群前严格进行牛结核检疫；⑧培训与提高牛结核检疫人员的业务能力；⑨保持牛舍通风与卫生，坚持消毒制度，减少牛只环境应激，提高抗病力。

2. 布鲁氏菌病的调查与分析 牛是布鲁氏菌病（以下简称布病）最易感的动物。感染后，可造成母牛流产、子宫内膜炎、胎衣不下、卵巢囊肿而导致不孕。通过消化道、生殖道、眼结膜、呼吸道及健康的皮肤感染，牛群一旦存在感染牛只，可在短期中造成传播，给奶牛业造成巨大损失，并严重威胁人类健康，是我国重点防控的二类动物疫病。

（1）当奶牛群中出现下列情况时，应重点进行调查并经检疫检验确定是否存在布病感染：①在特定时间内陆续出现怀孕母牛的流产，多数流产时间为怀孕后期，即怀孕7～8个月。如为新感染牛群，可使约40％的怀孕母牛流产。②流产胎衣黄色胶冻样浸润，附着灰色或黄绿色纤维蛋白絮片或脓液。胎儿皮下出血，真胃中有黄白色絮状黏液。③在特定时间内陆续出现母牛产后胎衣不下病例，且排除饲料因素和饲养管理因素；胎衣不下牛只经人工或药物排除胎衣后，经常发生慢性子宫内膜炎或久配不孕者。④未免疫牛群采用常规检疫时，突然出现较多血检阳性牛。

（2）出现上述问题可能原因：①在无布病的牛群中购入布病感染牛或布病疫苗免疫牛只。②牛群合并时未进行严格的检疫，将阳性或可疑感染牛混群饲养。③牛群检疫时，未及时将布病血检阳性牛淘汰处理。④牛群中陆续出现流产或胎衣不下牛只，但未引起重视，也未进行病因调查。⑤常规布病检疫时，对血检可疑牛只未进行复检，出现漏检牛只情况。⑥为应对检疫检查采用一头牛血清报送多个血清样品，造成结果全阳性或全阴性。⑦检疫中的试剂、样品和操作问题。

（3）对上述问题的处理措施：①牛群陆续出现母牛流产或胎衣不下病例时，应对患牛及时进行布病血清学检验，同时送检流产胎儿、胎衣及分泌物进行布鲁氏菌检验（细菌分离及PCR鉴定）。对流产胎儿、胎衣、分泌物及时深埋、焚烧等无害化处理；对污染的环境，采用10％生石灰水消毒处理；确诊为布病患牛，应及时扑杀。②引进牛只或不同牛场牛只合群饲养时，应严格进行布病血清学检疫。新引进牛只应隔离饲养2个月，经2次检疫布病阴性者再合群饲养，检出阳性牛应及时淘汰处理。③严格按照《布病防治技术规范》、《动物布鲁氏菌病诊断技术》要求，采用试管凝集反应（SAT）对奶牛场6月龄以上牛只进行全群检疫。阳性者严格隔离并淘汰；可疑牛只在1个月后复检，对高产奶牛必要时可采用补体结合试验和PCR技术进行复检。所有被检血清及病料样品应由专职兽医采集并填写采样单，检疫人员应填写检疫单并做好详细的检验记录。④未免疫牛群不得引入免疫牛只。目前尚无鉴别疫苗免疫和自然感染抗体的特异方法。已免疫牛群如出现非正常怀孕母牛流产或胎衣不下病例，应送检流产胎儿、胎衣、分泌物进行细菌学或 PCR 检测。

第十章　兽医保健及卫生管理

一、奶牛场兽医卫生保健的对象

规模化奶牛场兽医卫生保健的对象包括：①牛群及其乳品；②牛群所处的内外环境；③饲草料、饮水、各类添加剂及兽药；④兽医技术及饲养人员。

二、奶牛场兽医卫生保健的工作任务

奶牛卫生保健是规模化奶牛场兽医工作的中心任务。兽医人员通过制定与贯彻执行各项兽医卫生保健技术措施，以完成下列任务：①防止重要传染性疾病的发生与流行，包括外源性感染与内源性感染，减少疫病发生率。②减少非传染性疾病造成的损失，包括营养性疾病、繁殖类疾病、中毒病、机械创伤等。③消除应激性不良因素对牛群生产的影响，包括生产、环境、管理、卫生、应急等带来的不良刺激，创造良好的生态环境，提高奶牛生产效率。④严格规范工作制度，避免发生各种责任事故，包括生物药品及兽药的储备、质量检查、保存、使用记录等。杜绝使用伪劣及不合格药品，防止滥用药物的现象发生。降低成本，节约开支，提高间接效益。

三、兽医卫生保健人员的工作内容

奶牛兽医保健技术是现代化奶牛场兽医工作的综合技术，涉及以下内容：

1. 种畜禽的健康检查与疾病检测　包括常规检查、奶牛主要传染病的防疫、检疫与净化；牛奶中微生物学检查、畜群的免疫水平测定、可疑病料的采集等。

2. 饲料、饮水及饲养环境的质量评价与卫生指标测定　包括各种饲料、青贮草料、饮水微生物及理化指标测定。

3. 圈舍环境指标测定　包括温度、湿度、密度、通风、光照、有害气体浓度及圈舍的卫生指标测定。

4. 畜禽圈舍环境和饲养用具的消毒、净化与检测　包括：种畜、种鸡场建筑设计与布局的卫生要求，消毒、隔离、尸体及粪便处理、兽医剖解室、孵化室、采精与人工授精室等卫生控制。

5. 畜禽分群隔离饲养、饲养人员的固定和流动人员的控制。

6. 各类生物制剂（疫苗、诊断液、抗血清）的储备、质量检查及免疫接种程序。

7. 各类常用兽药及保健药品（消毒药、抗菌药、抗寄生虫药、各类添加剂、维生素制剂）的储备与质量检查及药物防治程序，各类专用工作服、靴的储备等。

8. 各类灭鼠、杀虫的药品，器具的准备、保管、使用与检查。

9. 各类尸体、粪便、污染垫料，孵化室、商品肉鸡加工车间废弃物的无害处理与监督检查。

10. 兽医化验室与诊断室的建立、完善，畜禽常规免疫检测与疾病实验室诊断，化验人员的技术培训等。

11. 兽医工作计划、兽医卫生防疫制度的制定、实施检查与监督，兽医技术资料如种畜禽健康卡片、病历记录与药物（包括所用疫苗）的使用情况；饲养人员的业务素质培训与提高。

四、兽医卫生保健人员的职能

兽医技术人员是养殖场技术管理的主要人员，是兽医保健的主要执行者。规模化畜禽养殖场的兽医技术人员应具有较系统的专业知识，即不仅具有较扎实的兽医基本理论和实践操作技术，又懂得畜牧及一般管理知识，能够组织与完成全场兽医技术管理、畜禽保健及疫病防治工作。

牛场主管兽医除管好兽医室常规性工作（包括考勤、轮休、协调关系、检查与督促兽医工作的实施情况、药物采购、培训学习、制订科研计划等）外，还必须制订牛场兽医工作的规划、计划和兽医人员的岗位责任制，切实可行的防制计划（包括兽医卫生、防疫、检疫、驱虫，常发病的诊治、疑难病的会诊、病料采集、送检，工作实施后的资料统计、分析、上报、存档及工作总结等）。经常了解周围地区的疫情动态，掌握附近单位的疫情规律。

具体包括以下几个方面：①负责制定、贯彻执行养殖场各项卫生防疫制度以及免疫、检疫、检测、消毒、药物防治程序。②拟订年度兽医工作计划，包括疫苗、药物、器械的订购计划，使用及检查。③负责日常畜禽的健康检查、保健、疾病诊断和防治工作。④各类饲料、饲草、饮水质量及卫生指标的检测。⑤引进和推广先进的兽医诊断与防治技术。⑥向全场饲养员及管理人员宣传讲授《动物防疫法》，普及兽医卫生防疫、畜禽疾病防制知识，提高饲养员业务素质，确保畜禽的健康。⑦参与养殖场畜禽圈舍改建、新建设计，饲料质量及卫生指标的检测，确保养殖场合理清洁的环境。⑧参与养殖场不同畜禽饲养管理技术措施的制定及协调工作。⑨负责兽医技术资料的记录、整理和存档保管工作，包括免疫、检疫、消毒、淘汰、处理。根据上级行政和业务部门的要求及时上报统计报表，做到准确及时、实事求是，病历档案保存至少 3 年。⑩做好本场畜产品销售的技术咨询和服务工作。

五、兽医卫生保健工作的评价

兽医卫生保健工作的成效，可根据下列指标来评价：①主要传染病与寄生虫病的发病率（疾病控制），包括口蹄疫的免疫合格率、布鲁氏杆菌病和结核杆菌病的控制与净化，应达到国家动物防疫相关条例的要求。②奶牛常规死淘率（直接效益），包括犊牛成活率、成年牛死淘率应达到奶牛场规定要求。成母牛病淘率小于 5%；青年牛病淘率（17 月龄至产犊）小于 1%；育成牛病淘率（7～16 月龄）小于 1%；大犊牛病淘率（2.5～6 月龄）小于 2%；小犊牛病淘率（出生 3 天至 2.5 月龄）小于 5%。③药品与饲料费用投入率（间接效益）达到预期指标。④奶牛生产的综合经济效益（综合效益），包括繁殖率、产奶量、乳品质达到牛场规定的预期指标。

凡出现以下情况者均按事故处理：①在奶牛发生难产、阴道脱出、产后产前瘫痪、子宫脱等危急性疾病时，因主管兽医或值班兽医不能及时到位，延误治疗时间者。②母牛进产房后，产房兽医均应熟知所管母牛的确切分娩日期和健康状况，包括乳房水肿、食欲及体膘，领导一旦抽查时不能答复或含糊不清者。③因胎衣不下，治疗不当，手术剥离后造成感染出现高烧。④分娩 60 天仍从生殖道排出脓液而不能正常配种者，导致母牛败血症死亡。⑤造成子宫内化脓而长久难孕。⑥因延误及不认真治疗致使犊牛死亡。⑦乳腺炎发病后未及时发现和诊治者，最终出现瞎乳头和因乳腺炎治疗不及时造成干奶、停奶，使泌乳严重缩短者。⑧分娩后乳区报废、阴门撕裂留有后患。

六、奶牛场兽医保健记录

保健记录是牛群兽医保健工作的重要环节，是考核保健计划是否有效实施、评价牛群保健水平及改进保健计划内容的重要依据。因此，牛场兽医、繁殖管理人员必须做好奶牛场不同牛群的保健记录，并分别以笔记本形式和计算机编制形式加以保存。不同牛群保健记录的内容如下：

1. 犊牛群保健记录内容（6月龄以下） ①犊牛出生日期、初生重、犊牛耳标号；②是否正常出生；③精液来源与种类、母牛耳标号及胎次；④犊牛发病时间及可能病因、死亡时间及日龄、可能的死因、治疗情况。

2. 青年牛群保健记录内容（6月龄以上） ①疫苗免疫情况，重点是口蹄疫、布鲁氏菌病免疫时间及抗体水平；②疫病发生及治疗情况；③发情与配种时间、体重及精液来源与种类（性控精液和常规精液）、妊娠检查结果等。

3. 成年母牛保健记录内容 ①发情日期、配种日期、妊娠情况及精液来源与种类，分娩情况及胎次，初生犊牛健康状况，产后繁殖能力检查（子宫、卵巢）；②泌乳期的奶产量及断奶时间；③疾病的发生与治疗情况；④检疫（布鲁氏菌病、结核病）结果与处理；⑤免疫接种（口蹄疫、焦虫病、产毒性大肠杆菌腹泻、牛支原体肺炎、黏膜病）情况、口蹄疫免疫抗体水平检测结果；⑥隐性乳房炎的检测结果及处理措施；⑦死亡与淘汰的时间、原因与处理措施等。

母牛应按个体耳号分别建立健康记录卡和繁殖泌乳卡，或将其结合建立健康与生产记录卡，以便于牛场常规查询及牛只调运时查询。

主要参考文献

崔中林．2007. 奶牛疾病学［M］．北京：中国农业出版社．

丁建江，刘贤侠，高树，等．2012. 综合方案治疗奶牛屡配不孕的受胎效果比较［J］．中国奶牛（科技版），(15)：54－56.

高家登，剡根强，王静梅，杨铭伟，王超丽，杨龙龙．2014. 抗牛多杀性巴氏杆菌高免卵黄抗体 IgY 的制备及间接血凝检测方法的建立［J］，中国奶牛，9：26－28.

高树，刘贤侠，王建梅，等．2011. 新疆规模化奶牛场奶牛胚胎死亡率高的主要原因及预防措施［J］．新疆畜牧业，(4)：35－37.

高树，刘贤侠，王少华，等．2012. 便携式 B 超在奶牛检查操作中的应用［J］．新疆畜牧业，(4)：32－34.

郝彦龙，剡根强，王静梅，刘振国，周林．2012. 新疆北疆地区致犊牛腹泻大肠杆菌的分离鉴定及部分生物学特性［J］．中国兽医学报，6 (32)：848－850.

何传雨，丁国婵，王静梅，剡根强．2011. 不同牛源多杀性巴氏杆菌基因的克隆及序列分析［J］．中国畜牧兽医，38 (8)：56－59.

贺志昊，刘贤侠，乔军，孟庆玲，等．2013. 奶牛乳头状瘤病理学诊断及病原分子检测研［J］．石河子大学学报自然科学版，31 (6)：684－687.

金云云，剡根强，王静梅，石刚．2013. 牛支原体间接免疫酶标组织化学检测方法的建立［J］．中国畜牧兽医，40 (5)：26－30.

金云云，剡根强，王静梅，王超丽，马玉英．2014. 牛支原体间接 ELISA 检测方法的建立［J］．畜牧与兽医，46 (2)：10－13.

金云云，王静梅，剡根强．2014. 基于牛支原体 P81 基因环介导等温扩增方法的建立及应用［J］．中国兽医学报，4 (34)：571－573.

李岩，姚永进，范伟兴，剡文亮，石刚，剡根强．2013. 新疆地区规模化奶牛场牛支原体流行病学调查［J］．中国动物传染病学报，21 (5)：68－71.

刘东军，剡根强．2014. 臭氧发生仪对犊牛舍空气消毒的效果观察［J］．中国奶牛，5：59-60.

刘建柱，何高明．2013. 奶牛场技术管理要点与常见疾病防治［M］．北京：中国农业出版社．

刘贤侠，何高明，王建梅，等．2002. 高产奶牛屡配不孕的原因及治疗［J］．黑龙江动物繁殖，10 (3)：35－37.

刘贤侠，王少华，王学进，等．2013. 奶牛用便携式 B 超仪操作和管理规程［J］．中国奶牛，(18)：25-26.
罗继分，王静梅，剡根强．2011. 犊牛脑炎病原菌的分离鉴定及病理组织学观察［J］．动物医学进展，32 (12)：129-132.
马晓菁，王静梅，剡根强．2010. 犊牛肺炎多杀性巴氏杆菌的分离与鉴定［J］．中国兽医学报，30 (9)：1193-1196.
王国超，王沪生，乔军，等．2013. 新疆沙湾地区 BVDV 基因型毒株的分离鉴定［J］．中国兽医杂志，49 (10)：14-17.
肖定汉．2012. 奶牛病学［M］．北京：中国农业大学出版社．
杨恒，刘贤侠，高树，等．2013. 奶牛卵巢囊肿的发病调查与临床诊断［J］．中国奶牛，(3)：41-46.
姚永进，剡根强，王静梅，范伟兴，等．2011. 致犊牛肺炎和关节炎牛支原体新疆株的分离与鉴定［J］．中国畜牧兽医，38 (12)：76-78.
张家骅，蔡荣湘．1997. 兽医产科学［M］．成都：成都科技大学出版社．
张小燕，王静梅，孙延明，剡根强．2012. 致奶牛恶性水肿腐败梭菌的分离鉴定［J］．石河子大学学报自然科学版，30 (1)：47-50.
赵德明，沈建忠，主译．2009. 奶牛疾病学［M］．第 2 版．北京：中国农业大学出版社．
AnDrew A H，Blowey R W，Boy D H，et al. 2006. 牛病学—疾病与管理［M］．第 2 版．韩博，苏敬良，吴培福，等，译．北京：中国农业大学出版社．
Mee J F，Buckley F，Ryan D，et al. 2009. Pre - breeding Ovaro - Uterine UltrasonograpHy and its Relationship with First Service Pregnancy Rate in Seasonal - Calving dairy Herds［J］. Reproduction in domestic Animals，44 (2)：331-337.

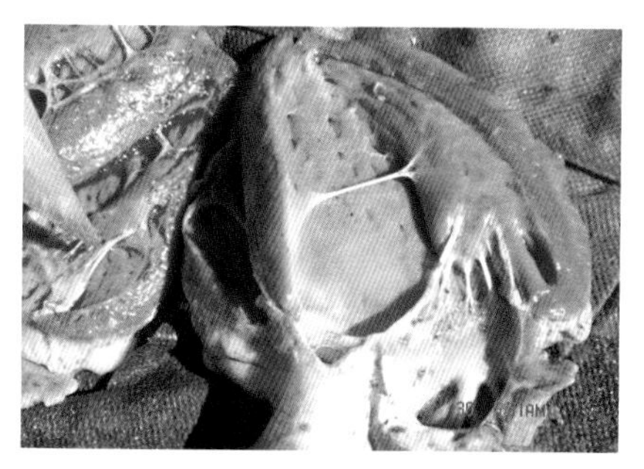

图1-1　荚膜血清A型多杀性巴氏杆菌引起的死亡犊牛心冠脂肪、心耳及心内膜出血

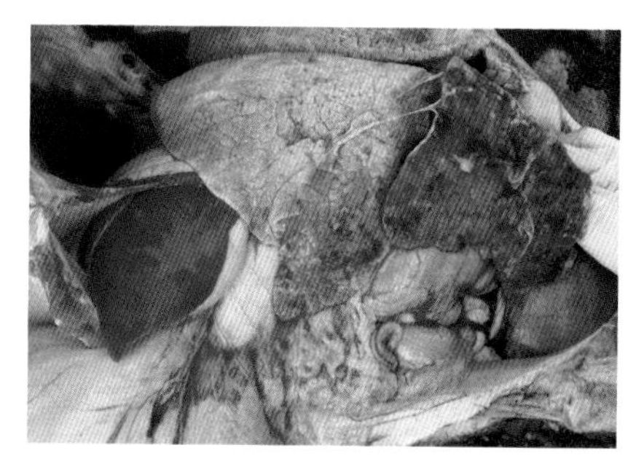

图1-2　荚膜血清A型多杀性巴氏杆菌引起死亡犊牛肺脏出血性炎症，以左心叶最为严重

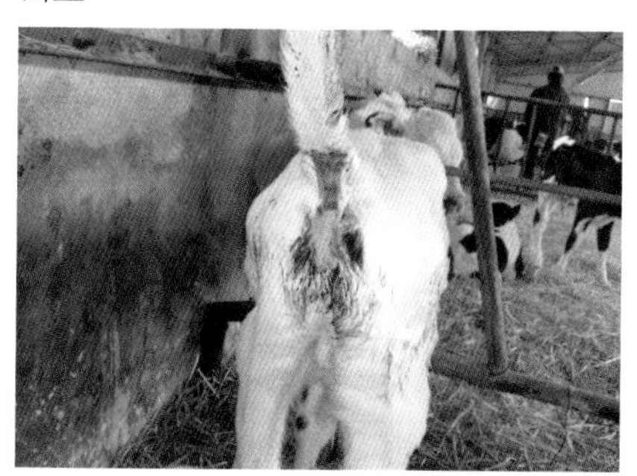

图1-3　感染牛病毒性腹泻（BVD）3周龄犊牛腹泻症状

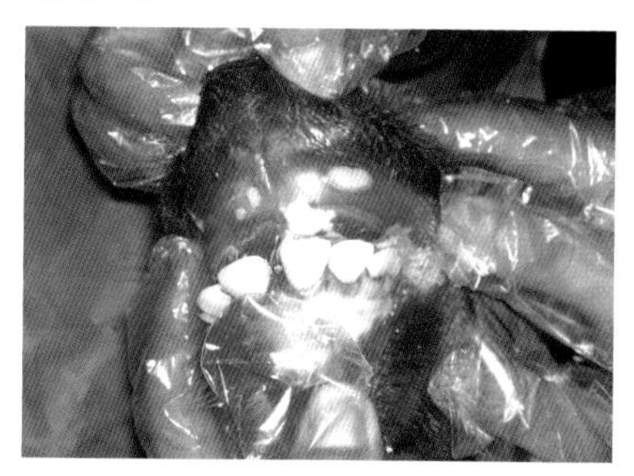

图1-4　感染牛病毒性腹泻（BVD）犊牛齿龈溃疡

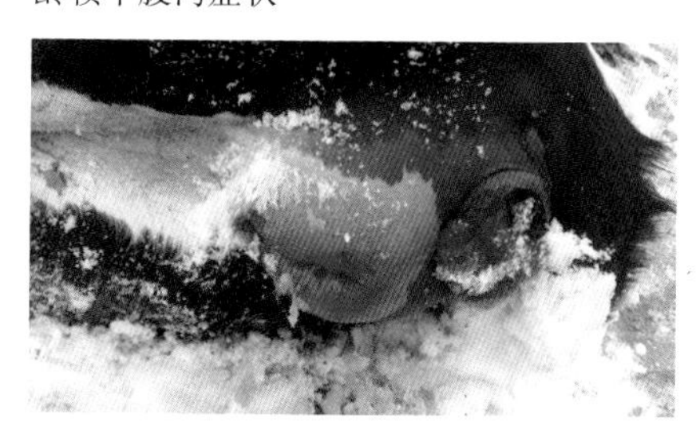

图1-7　产后4天奶牛恶性水肿，显示阴门高度炎性水肿

图1-8　感染牛鼻气管炎病毒（IBR）4周龄犊牛鼻腔炎症“红鼻子”

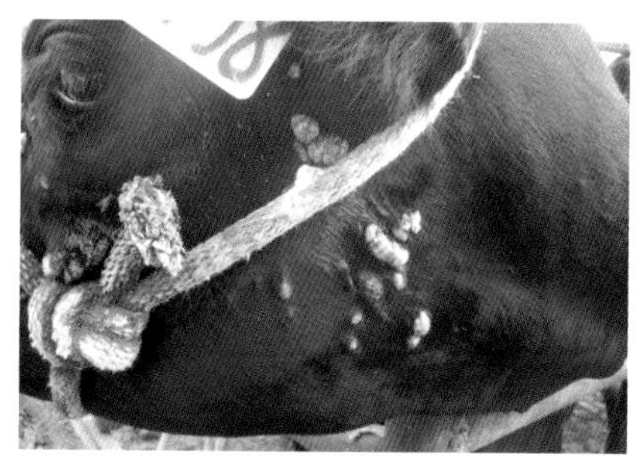

图1-9　2岁青年牛面部皮肤病毒性乳头状瘤（散在性）

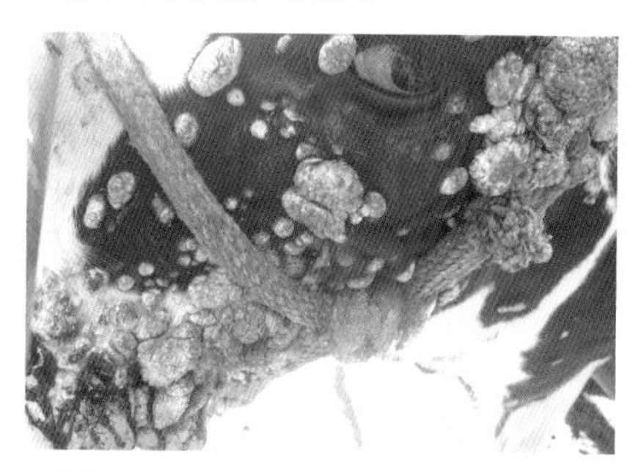

图1-10　2岁青年牛面部皮肤病毒性乳头状瘤（融合性）

附图3　尾根高抬（长期卵泡囊肿奶牛）

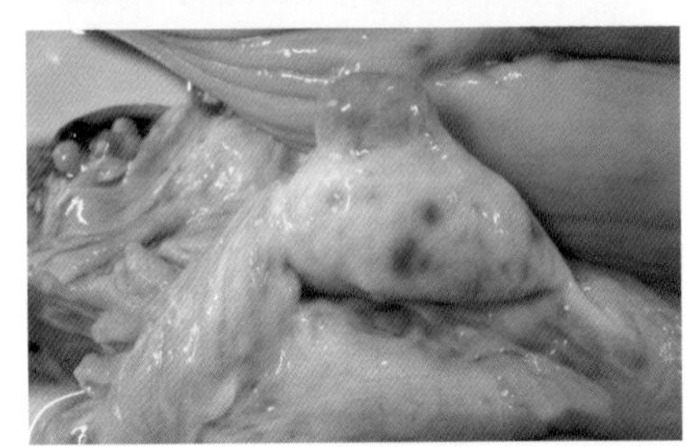

附图13　持久黄体卵巢解剖图

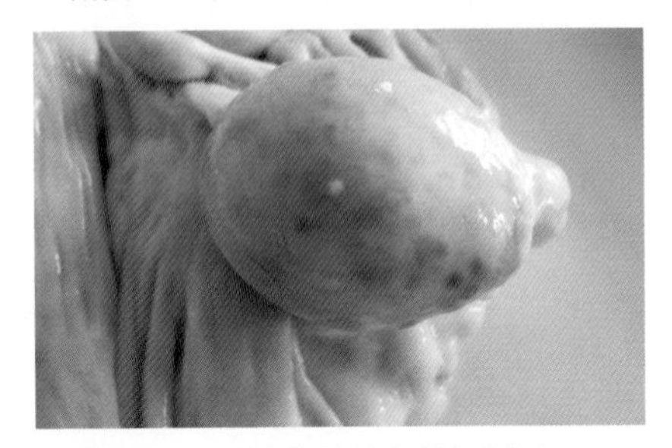

附图14B　黄体囊肿的卵巢解剖图

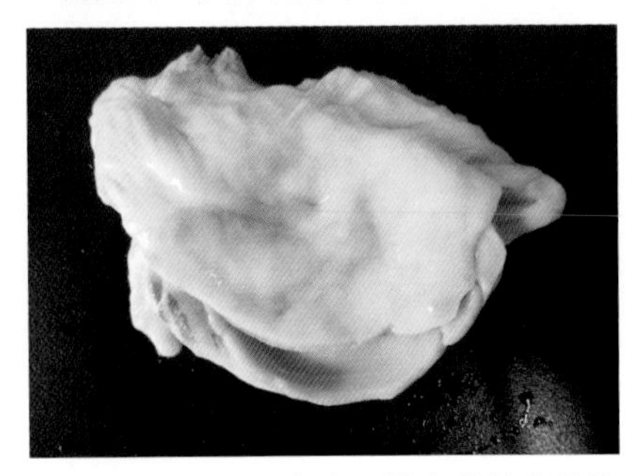

附图14C　切开囊肿，排出囊肿内液体的卵巢解剖图

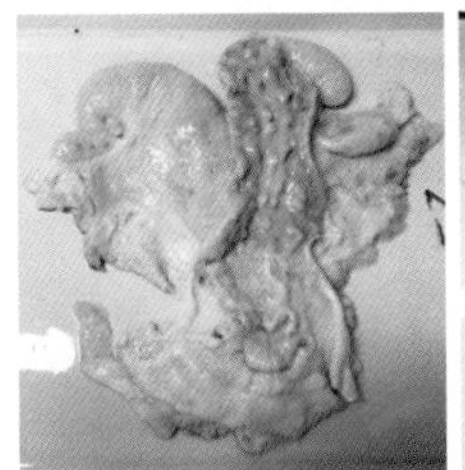

附图10　正常子宫切开剖面图

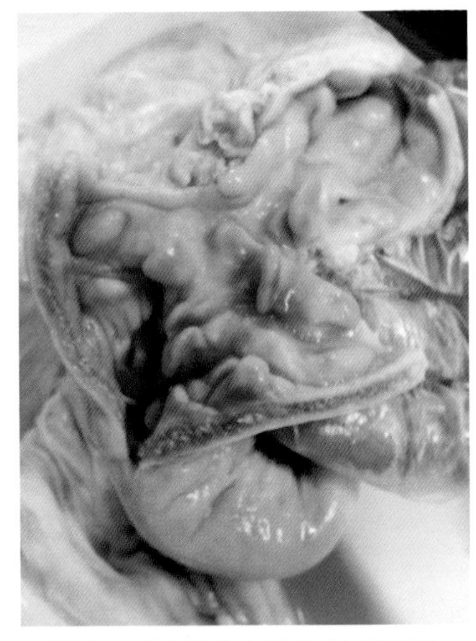

附图11　轻度子宫内膜炎子宫剖面图

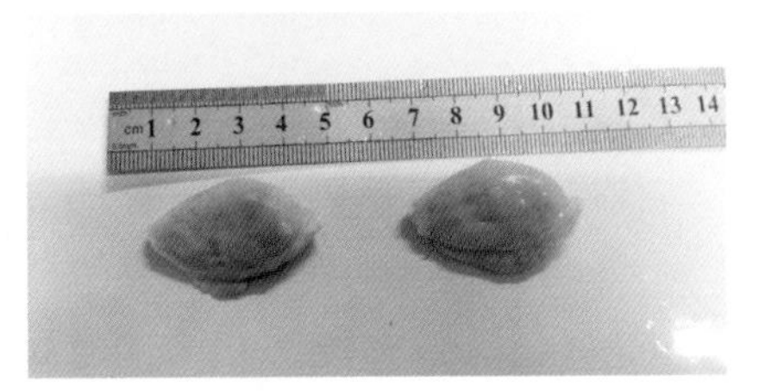

附图15　卵巢静止的卵巢解剖图

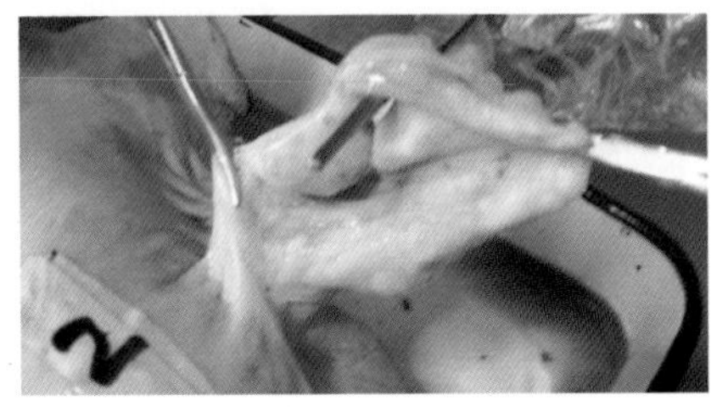

附图16D　单侧卵巢粘连

附图16E　子宫颈外口

附图16F　子宫蓄脓奶牛子宫内清洗后子宫阜、黏膜和子宫壁

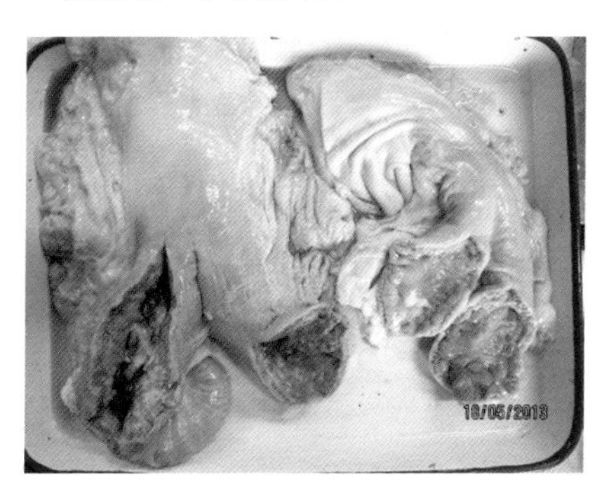

附图17D　脓性子宫炎：左图子宫内膜呈黑紫色；右图子宫角内有黄绿色脓液

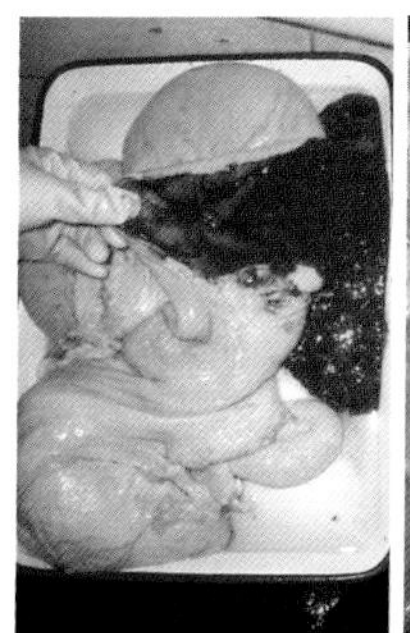

附图17E　胎衣不下奶牛胎衣腐烂呈酱油色

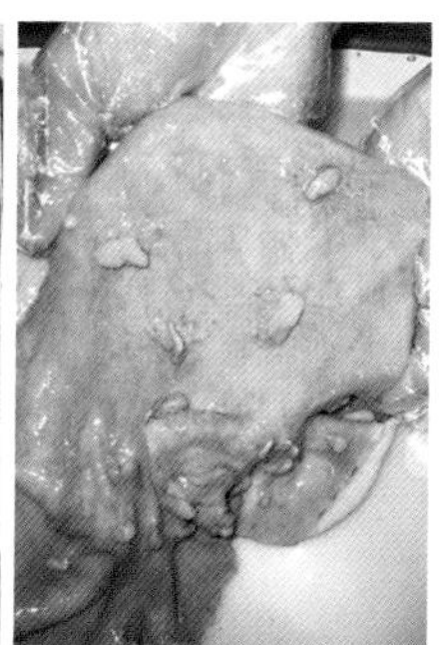

附图17F　胎衣不下奶牛子宫内壁充血严重

图4–3　奶牛右方皱胃移位

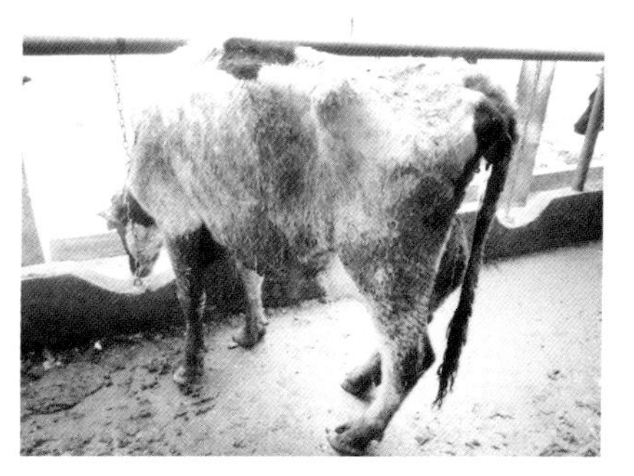

图4–4　奶牛左方皱胃移位

图5–1　左后腿不敢负重，蹄尖着地

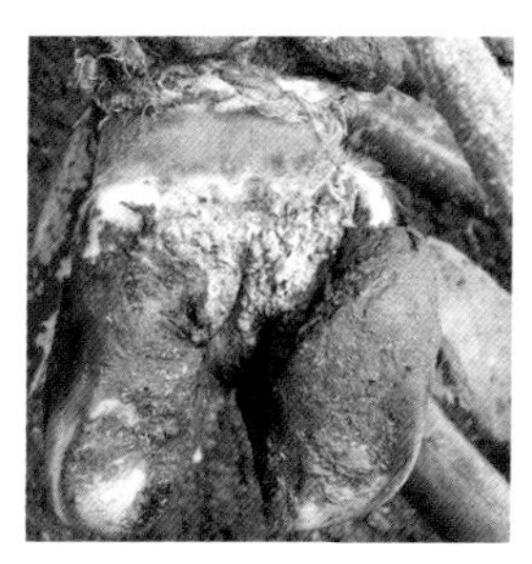

图5–2　奶牛蹄踵、趾间红肿

图8-2　出生1周龄犊牛患大肠杆菌性脑炎，死前表现角弓反张

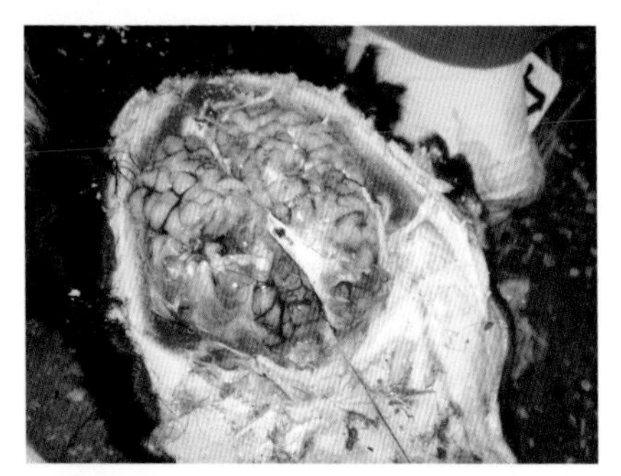

图8-3　死亡犊牛脑膜严重出血

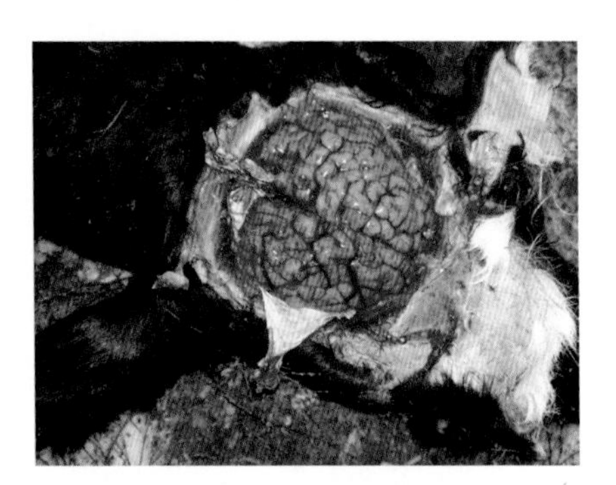

图8-4　死亡犊牛大脑弥漫性出血

图8-6　患支原体肺炎犊牛表现腹式呼吸

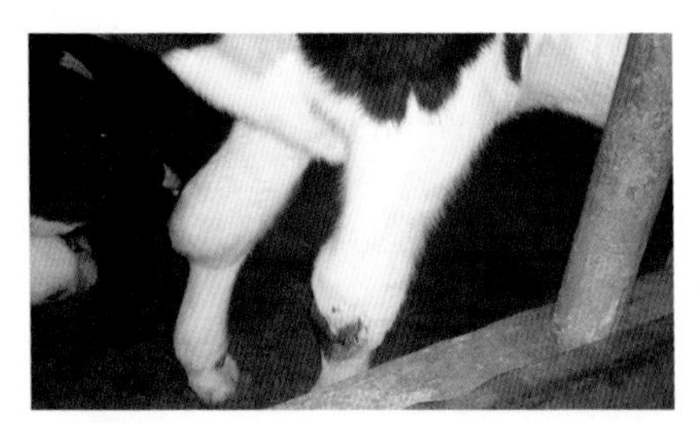

图8-7　犊牛关节肿大

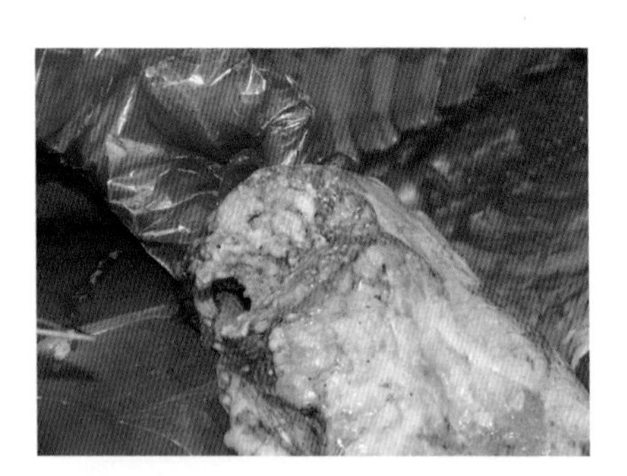

图8-8　死亡犊牛肺脏干酪样坏死

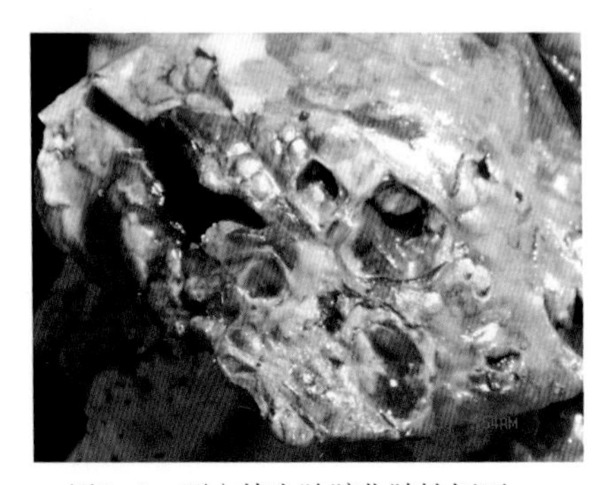

图8-9　死亡犊牛肺脏化脓性坏死

图8-10　犊牛舌底面及峡部等黏膜糜烂